跟我学摄影

陈老师的零基础
单反摄影课

（摄影客优选版）

摄影客 编著
陈丹丹 著

人民邮电出版社

北京

图书在版编目（CIP）数据

跟我学摄影：陈老师的零基础单反摄影课：摄影客优选版 / 摄影客编著；陈丹丹著. -- 北京：人民邮电出版社，2020.10
ISBN 978-7-115-54369-1

Ⅰ. ①跟… Ⅱ. ①摄… ②陈… Ⅲ. ①数字照相机—单镜头反光照相机—摄影技术 Ⅳ. ①TB86②J41

中国版本图书馆CIP数据核字(2020)第119469号

内 容 提 要

　　初学者在遇到拍摄问题时，如果只是一味地怀疑相机和镜头，而不从自身寻找原因，就很难提高自己的拍摄水平。相机只是一个工具，想要拍出好的照片，需要使用相机的人利用好手上的这个工具。

　　这是一本可以让完全没有摄影基础的初学者快速上手的技法图书。本书从相机基本设置开始，告诉读者拍摄要做的最基本的准备工作。随后，告诉大家如何快速完成最基本的拍摄，得到一张曝光准确、焦点清晰、色彩真实的照片。接下来，教会大家一些基础的构图、用光、色彩调整方面的知识，让大家可以拍摄出更具艺术感染力的照片。然后是后期处理方面内容。在数码时代，后期处理有着很大的发挥空间，前期拍摄的照片，通过后期进一步修正，能够让作品更上一个层次。接着分享了作为一个摄影师需要具备的主题拍摄能力，这部分内容按人像、旅游风光、城市夜景、花卉植物、静物美食、宠物动物等几个类别，分别阐述了不同题材拍摄需要解决的具体问题。最后是提高篇，打破法则，自我创新，从而拍摄出独一无二的摄影艺术作品。

　　本书适合零基础的摄影初学者作为自己的第一本摄影技法图书，也适合具有一定基础的摄影爱好者用于提高自己的摄影水平。

◆ 编　　著　摄影客
　　著　　　陈丹丹
　　责任编辑　杨　婧
　　责任印制　周昇亮

◆ 人民邮电出版社出版发行　　北京市丰台区成寿寺路 11 号
　　邮编　100164　电子邮件　315@ptpress.com.cn
　　网址　https://www.ptpress.com.cn
　　天津图文方嘉印刷有限公司印刷

◆ 开本：787×1092　1/16
　　印张：12.75　　　　　　　　2020 年 10 月第 1 版
　　字数：459 千字　　　　　　2020 年 10 月天津第 1 次印刷

定价：69.00 元
读者服务热线：(010)81055296　印装质量热线：(010)81055316
反盗版热线：(010)81055315
广告经营许可证：京东市监广登字 20170147 号

前　言

从事摄影工作十多年，经常有朋友向我咨询一些类似买什么相机、怎么拍出清晰漂亮的照片等问题。最近一个大学同学提的问题让我印象深刻，仔细想想，估计并不是个别现象，也许很多初学者都有这方面的困惑吧。这位同学没有摄影基础，不过经济条件还不错，估计也受到周围朋友的影响，第一部相机直接就买了佳能的 EOS 5D Mark III 套机。新相机没用几天，她就在微信上向我抱怨："怎么回事，我这个相机拍的照片好多都不清晰。"我简单回复她："你把你认为没拍清晰的照片发给我看看，我才能知道是属于哪方面的原因。"对方没反应，之后又过了一段时间，再次微信问我："'小白兔'镜头到哪里买比较便宜啊？我这个套机镜头拍不清楚哎！"

可能很多初学者都会进入这样一个误区：买相机需要一次到位买个好的，有了顶级装备，照片自然就能拍好了；购买之后发现照片拍不清晰，又会想，那是镜头不好吧？套机配的镜头不行，还得买个贵的顶级镜头才行！其实，别说是数码单反相机了，就是普通的卡片相机，甚至是手机，都能达到拍摄出清晰照片这一最基本的要求。如果不能，那就需要从自身找找原因了。

针对这十多年来朋友们反映的各种问题，我编辑整理了这本书，本书最主要的目的是帮助那些完全没有摄影基础的初学者，解决他们在初学阶段遇到的各类问题。本书第一版获得不少读者的肯定，因此，我们更新并优化了部分内容，并出版修订版。

本书有以下几个特点。

1. 文字通俗易懂。这是一本谁都能看得懂的摄影技法书，全书力求用最浅显、最生动、最通俗的文字解读专业的摄影术语，即便是零基础的人也能看懂。

2. 由浅入深，内容全面。本书从最基本的相机设置，到讲解如何拍摄一张最基本的照片。本书内容由浅到深，逐步递进，可以解决数码单反摄影中要面对的主要问题。阅读本书，你可以从拍摄具有构图美感与光影效果的摄影作品，发展到具有专业摄影师水准，再到打破常规、拍摄出独具创意的艺术作品。

3. 总结最典型的拍摄技法。本书针对不同拍摄题材，列选出了最典型的拍摄技法，掌握这些技法，便可以解决拍摄该题材时会遇到的最主要问题。

4. 图片精美。本书选用最赏心悦目的图片，让读者能在欣赏佳作之余学习到实用的拍摄技法。

本书能在既定时间顺利完稿，首先感谢吴法磊、赵子文、付文瀚对本书图文的整理。另外，感谢摄影师（排名不分先后）赵子文、孙立、吴法磊、尤龙、张志超、王军、白钇、张韬、逍遥为本书提供精美的摄影作品。更感谢作为读者的你，从浩瀚的书海中，捡拾起我们所写的这本书。希望书中感动我的文字和图片，同样也能打动你。

我们在完成书稿的过程中，对技术的把握力求严谨准确，对文字的核对力求通畅易读，但仍难免存在疏漏，欢迎影友指正，意见和建议请发送至邮箱：770627@126.com。

广角势力出版策划总监　陈丹丹

目录

目录

目录

目录

第14课 美女、儿童人像实拍技法 （见下载资源）

第15课　旅游风光实拍技法　　　　（见下载资源）

目录

第17课 静物、美食实拍技法 （见下载资源）

目录

1

第1课
拍摄照片前需要做的5件事

　　拍摄照片之前，根据不同的拍摄需求，我们需要做相应的准备工作，而这其中有几项准备工作是拍摄任何照片都必须要做的，比如安装电池、存储卡和镜头，对相机进行最基本的设置，如何持握相机等。

　　本课将就以上问题进行讲解。

1.1 电池拆装与电池充电

使用手中的数码单反相机拍摄照片之前，需要检查相机电池电量是否充足。当电池电量不足时，应及时充电。另外，还要熟练掌握电池的安装与拆卸方法。

若想要手中的相机正常工作，首先需要安装电池，安装步骤如下。

先将电池仓盖打开，将电池带有金属触片的一端朝下，插入电池仓，待到白色卡栓卡住电池，关闭电池仓盖，电池安装完毕。

1. 用手指向下按住电池仓拨杆

2. 打开电池仓盖

3. 找到电池带有金属触片的一端

4. 将带有金属触片一端对准电池仓内壁

5. 用手指轻轻按下电池

6. 直到电池被仓内白色的电池锁锁住

7. 将电池仓盖盖上

8. 用手轻轻按下电池仓盖，听到"咔"的声音，电池仓盖被锁紧，电池安装完毕

为电池充电并不复杂，每一次出去拍照都应该提前检查电池电量。如果电量不足，应及时为电池充电。

1. 找到电池带有金属触片的一端

2. 对准充电器带有金属触片一端

3. 向充电器金属触片方向上推电池

4. 连接电源，待显示灯正常显示

1.2 安装与格式化存储卡

存储卡是数码单反相机存储照片的工具，目前，市面上的数码单反相机多使用SD卡或CF卡槽设计，其中有一些机型可以同时支持这两种存储卡。在实际安装时，可以根据相机上的提示性图标进行安装，这样可以更加准确快捷安装存储卡。

▲ SD卡

▲ CF卡

1. 用手将存储卡仓盖沿箭头所指方向滑动，并将其打开

2. 找到CF卡带有金属触片的一端

3. 将带有金属触片一端对准存储卡槽内，用手指轻轻按下

4. 直到存储卡被锁紧

5. 找到SD卡带有金属触片的一端

6. 将带有金属触片一端对准存储卡槽内，用手指轻轻按下

7. 直到存储卡被锁紧

8. 然后盖上存储卡仓盖

格式化存储卡（佳能相机）

1. 按下MENU键

2. 进入菜单

3. 转动主拨盘

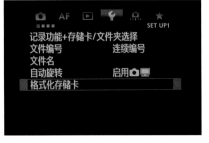

4. 通过转动主拨盘找到"格式化存储卡"选项

需要注意的是，在安装存储卡之前，最好检查一下存储卡是否已存满。如果是，需要先将存储卡中的照片备份到电脑中，并将存储卡格式化，保证拍摄时相机有足够的存储空间。

具体操作如下：

首先确认存储卡中的照片已备份，然后在MENU菜单中找到格式化存储卡选项，通过方向键选择并格式化存储卡。

5. 按下SET键

6. 进入格式化存储卡界面，并选择需要格式化的存储卡

7. 按下SET键格式化存储卡

格式化存储卡（尼康相机）

1. 按下MENU键

2. 进入菜单

3. 使用多重选择器，上下拨动选择菜单

4. 通过拨动多重选择器找到"格式化存储卡"选项

5. 进入格式存储卡界面后，通过多重选择器选择确定

6. 按下OK键

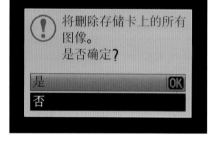

7. 选择"是"格式化存储卡

1.3　安装与拆卸镜头

　　拍摄过程之中，想要拍摄出精彩照片，需要根据拍摄需求，更换不同镜头。这时，就需要了解并掌握镜头的正确安装与拆卸方法。

　　采用正确的方法，可以在极短的时间内，完成镜头的拆卸与安装，这样，也可以很大程度上避免灰尘进入机身或镜头。

　　同样，为了使用户更加快捷便利地安装与拆卸镜头，相机生产商会在机身镜头安装处以及镜头上，提前做好标记，安装与拆卸时，只需要将机身与镜头上的标记对齐，然后对镜头进行相应方向旋转，就能完成镜头安装。

　　在拆卸时，按住镜头释放按钮，并旋转镜头，便可完成镜头拆卸。

　　另外，值得注意的是，相机镜头安装与拆卸过程中，会有短暂时间，使相机与镜头内部暴露在空气之中，从而污损相机与镜头。所以，在更换镜头时，我们应尽量熟练，减少相机与镜头内部在外面暴露时间。当赶上沙尘等恶劣天气时，尽量避免更换镜头，或者采取一些保护镜进灰的措施，比如准备一个大的塑料袋，将相机和镜头放在塑料袋子里面进行操作。

佳能相机在安装镜头时，先将镜头一端的红点对准相机机身上的红点，并顺时针旋转镜头，当听到"咔嗒"声的时候，镜头锁紧，完成安装；拆卸镜头时，按住相机机身上的镜头释放按钮，并逆时针旋转镜头，镜头拆卸完毕。

安装镜头（佳能相机）

1. 找到相机镜头接口处的红点　　**2.** 找到镜头上的红点　　**3.** 将镜头红点对准相机上的红点　　**4.** 顺时针旋转镜头，当听到"咔嗒"锁紧声音，安装完毕

拆卸镜头（佳能相机）

1. 用手指按住镜头释放按钮　　**2.** 同时逆时针旋转镜头　　**3.** 直到无法旋转为止　　**4.** 镜头被拆卸下来

尼康相机镜头安装时，将镜头一端的白点对准相机机身上白点，并逆时针旋转镜头，当听到"咔嗒"声的时候，镜头锁紧，完成安装；拆卸镜头时，按住相机机身上的镜头释放按钮，并顺时针旋转镜头，镜头拆卸完毕。

安装镜头（尼康相机）

1. 找到镜头上的白点　　**2.** 对准机身白点　　**3.** 同时逆时针旋转镜头　　**4.** 镜头安装完毕

拆卸镜头（尼康相机）

1. 用手按下镜头释放按钮　　**2.** 同时顺时针旋转镜头　　**3.** 转到镜头白色标点与机身白色标点位置相同　　**4.** 镜头被拆卸下来

1.4 对相机进行基本设置

使用数码单反相机拍摄照片之前，需要对相机进行一些基本的设置，这样可以保证后面的拍摄过程进行得更顺利。

为了应对更多的拍摄题材以及拍摄场景，相机生产厂商为用户提供多种拍摄模式，在实际拍摄时，可以根据需求选择合适的拍摄模式。

具体操作，根据相机自身设置不同，可以在相机肩部拍摄模式转盘处选择相应拍摄模式。

对于尼康某些高端机来说，选择拍摄模式时，需要按住肩部"MODE"按钮，并转动主拨盘，从而完成拍摄模式选择。

另外，对于刚刚接触数码单反相机的新用户来说，可以选择自动化程度较高的P挡进行拍摄。在该模式下，相机会根据现场的光线情况自动匹配各种拍摄参数，比如光圈大小、快门速度等。这种拍摄模式适合光线条件较好，并且没有什么特别要求的拍摄，比如在室外拍摄常规的旅游纪念照时，可以选择P挡。

佳能相机P挡选择

1. 按下模式键盘上的键盘释放按钮，同时旋转模式转盘

2. 当P挡转到白色标记处，代表相机处在P挡模式

尼康相机P挡选择

1. 按下模式选择键盘上的键盘释放按钮，同时旋转模式转盘

2. 当P挡转到白色横杆标记处，代表相机处在P挡模式

尼康高端相机P挡选择

1. 按住MODE按钮

2. 转动主指令拨盘

3. 肩屏上可以显示所处的拍摄模式

4. 肩屏上出现P挡，表示相机已选择P挡模式

设置日期和语言

相机拍摄信息之中，有照片拍摄日期与时间，为更加准确地记录照片拍摄日期时间，我们应该在拿到相机后，先来检查相机日期与时间是否准确。

设置照片日期和时间的方法为：在相机功能菜单中找到日期/时间选项，通过方向键按钮，选择相应日期/时间，最后确定完成设置。

在相机语言方面，数码厂商为用户提供了多种语言选择。用户可以根据自己喜好选择合适语言。

设置语言种类的方法为：在相机功能菜单中找到语言选项，借助方向键选择需要选中的语言选项，确定，完成设置。

佳能相机日期和语言设置详细步骤如下

1. 按下MENU键

2. 进入菜单

3. 转动主拨盘

4. 通过主拨盘找到"日期/时间/区域"设置选项

5. 按下SET键

6. 进入日期设置界面

7. 转动速控转盘

8. 通过速控转盘选择日期和时间的设置

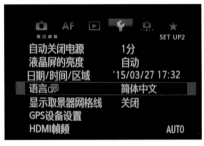

9. 通过速控转盘在日期/时间/区域下方找到"语言"设置菜单

10. 按下SET键

11. 进入菜单选择相应的语言,并按SET键确定

尼康相机日期和语言设置详细步骤如下

1. 按下MENU键

2. 进入菜单

3. 通过拨动多重选择器上下键

4. 选择"时区和日期"菜单

5. 进入时区和日期菜单,可以对日期和时间、日期格式、夏令时进行选择

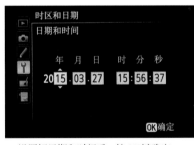

6. 设置好日期和时间后,按OK键确定

7. 按下OK键

8. 通过拨动多重选择器选择"语言"设置菜单

9. 选择好语言后,按OK键确定

关闭"未装存储卡释放快门"功能

未装存储卡释放快门，简单来说，就是指在没有安装存储卡的情况下也可以按下快门，尼康相机称此功能为"空插槽时快门释放锁定"功能。

通常，为了方便潜在的顾客有机会试拍，在相机的原始设置中，该功能处于开启状态，这样一来，用户在相机不安装存储卡的情况下也可以按下快门进行拍摄。

在实际拍摄过程中，我们通常会选择关闭此项功能，从而避免出现没有安装存储卡便开始拍摄的情况。

佳能相机关闭"未装存储卡释放快门"功能

1. 按下MENU键

2. 进入菜单

3. 转动速控转盘

4. 通过速控转盘找到"未装存储卡释放快门"菜单

5. 按下SET键

6. 进入菜单

7. 转动速控转盘

8. 通过速控转盘选择"OFF"，并按SET键确定

尼康相机关闭"空插槽时快门释放锁定"功能

1. 按下MENU键

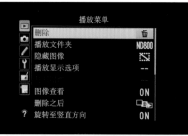

2. 进入菜单

3. 通过拨动多重选择器上下键

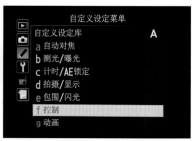

4. 在自定义设定菜单中选择"控制"

5. 通过拨动多重选择器上下键

6. 在控制菜单中，找到"空插槽时快门释放锁定"并进入菜单

7. 选择"LOCK快门释放锁定"

8. 按OK键确定

设置感光度为100

数码单反相机提供了多种感光度选择，在实际拍摄中，我们可以根据拍摄现场的光线情况以及拍摄需要选择合适的感光度数值。

具体操作，可以在相机菜单中选择合适感光度数值。

对于一些高端数码单反相机，还可以通过机身快捷键，进行感光度快捷设置。

值得注意的是，感光度越高，画面噪点也会越多。因此，在实际拍摄时，如果现场光线充足，一般都会选择将感光度设置为100左右。

佳能相机感光度设置（通过菜单）

 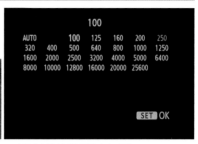

1. 通过速控转盘找到感光度设置菜单　　**2.** 按SET键进入　　**3.** 转动速控转盘　　**4.** 通过速控转盘选择感光度为100

佳能相机感光度设置（通过快捷按钮）

1. 按下肩屏上方的ISO按钮　　**2.** 同时转动主拨盘　　**3.** 直到肩屏上方显示ISO为100

尼康相机感光度设置（通过菜单）

1. 通过拨动多重选择器

2. 找到ISO感光度设定菜单

3. 选择ISO100

4. 按OK键确定

尼康相机感光度设置（通过快捷按钮）

1. 按下ISO按钮　　**2.** 同时转动主指令拨盘　　**3.** 直到肩屏ISO显示100为止

关闭自动设置感光度

为了更高效地完成某些场合抓拍，相机生产厂商在相机感光度方面，大多都会添加"自动设置感光度（自动ISO）"功能。在选择这种感光度模式时，相机会根据所处环境光线强度自动设置它认为合适的感光度数值。

但是，在很多时候，为了保证照片画质更加细腻，我们需要关闭这个功能。

实际操作时，佳能相机中，只要将感光度设置在非"AUTO"的选项处，便已关闭自动设置感光度；尼康相机中，可以通过MENU菜单选择关闭"自动ISO感光度控制"功能。

关闭佳能相机的自动ISO感光度设置

1. 按下MENU键

2. 进入菜单

3. 转动主拨盘

4. 通过主拨盘找到"ISO感光度设置"选项

5. 按下SET键

6. 进入ISO感光度设置菜单

7. 转动速控转盘

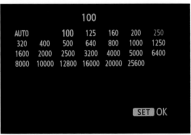

8. 通过速控转盘转离"AUTO"标识，选择想要设置的感光度数值

关闭尼康相机"自动ISO感光度控制"设置

1. 按下MENU键

2. 进入菜单界面

3. 通过拨动多重选择器上、下、左、右键

4. 选择拍摄菜单

5. 在拍摄菜单中，通过拨动多重选择器找到"ISO感光度设定"

6. 通过拨动多重选择器进行选择，将"自动ISO感光度控制"设置为OFF

设置照片画质

所谓照片画质，是指在拍摄照片之后，这些照片数据的存储格式以及画面质量。目前，大多数码单反相机具有JPEG和RAW两种照片存储格式，除此之外，有些厂商还为相机添加了TIFF存储格式。

具体使用时，当需要拍摄高质量的照片时，多选择使用RAW格式来存储照片，当需要在现有存储空间内更为迅速地记录更多的照片时，通常选择JPEG格式来存储照片。

在不确定使用何种照片格式更为合适时，还可以选择JPEG+RAW的格式组合模式，这样就可以分别使用JPEG和RAW格式记录同一张照片，之后再根据具体需求进行选择。

设置照片画质：在相机MENU功能菜单中找到图像画质或图像品质选项，使用方向键和SET键选择所需要的照片质量，并按下确定按钮完成设置。

佳能相机图像质量选择

1. 按下MENU键

2. 进入菜单，找到"图像画质"

3. 按下SET键

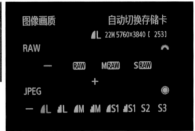

4. 进入图像画质菜单

5. 转动速控转盘

6. 通过速控转盘可以选择JPEG格式

7. 转动主拨盘

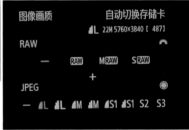

8. 通过主拨盘可以选择RAW格式，按下SET键确定

尼康相机图像质量选择

1. 按下MENU键

2. 进入菜单

3. 通过拨动多重选择器

4. 选择"图像品质"菜单

5. 进入菜单后，可以通过多重选择器选择图像品质

6. 设置好图像品质

7. 按下OK键确定

设置自动白平衡

为应对在各种不同光源下拍摄所产生的色彩差异，相机生产厂商在相机中增加了白平衡选择功能，我们可以根据拍摄现场的光源，选择合适的白平衡设置。

实际拍摄时，根据拍摄环境中光源性质选择合适的白平衡，比如在晴天日光下可以选择晴天（日光）白平衡。然而，

当很难判断选用何种白平衡预设时，我们可以选用相机自动白平衡，完成拍摄。

具体操作，在相机MENU菜单中，找到白平衡选择菜单，借助方向键进行选择。另外，对于一些高端机，其自身带有白平衡按钮，我们可以通过这些按钮，完成白平衡快捷设置。

佳能相机自动白平衡设置（通过菜单）

1. 按下MENU键

2. 进入菜单

3. 转动主拨盘

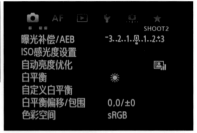

4. 通过转动主拨盘找到"白平衡"设置菜单

5. 进入白平衡菜单

6. 转动速控转盘

7. 选择好自动白平衡模式

8. 按SET键确定

尼康相机自动白平衡设置（通过菜单）

1. 按下MENU键

2. 进入菜单界面

3. 通过拨动多重选择器

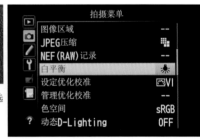

4. 在拍摄菜单中选择"白平衡"

5. 进入菜单后，通过多重选择器选择"AUTO自动"

6. 按OK键确认

2. 同时旋转速控转盘

1. 按住肩屏上方的白平衡快捷按钮

3. 直到肩屏上显示自动白平衡

尼康相机自动白平衡设置（通过快捷按钮）

1. 按住WB按钮

2. 同时转动主指令拨盘

3. 直到肩屏白平衡显示A，代表相机处在自动白平衡模式

调节屈光度

屈光度调节，是指通过调节取景器的焦距来获得最佳取景效果。数码单反相机的取景器一般都具有屈光度调节的功能。其存在意义主要是为了满足不同视力程度的人在使用取景器时，依照自身的视力状况来调整取景效果。通过调节取景器屈光度。一些视力不佳的用户，如眼睛有近视或者远视的人，也可以在不戴眼镜的情况下清晰观看到取景区中的景物。

屈光度调节的具体操作方法是：向左右方向（佳能相机）或者向前后方向（尼康相机）转动屈光度调节旋钮，同时注意观察取景器中的取景效果，待到取景画面清晰时，调节完成。

▲ 佳能相机向左或向右转动屈光度旋钮

▲ 尼康相机向前或向后转动屈光度旋钮

1.5 按下快门拍照

所谓按下快门拍照，是指用正确的相机持握方法，半按快门，完成准确对焦的情况下，按下快门进行拍摄的过程。

相机的"N"种正确拿法

使用数码单反相机进行拍摄，先不说拍摄技术如何，最起码正确持握方法必须掌握。正确的持握方法，不仅看起来美观，而且还可以更大程度保证手持情况下，相机稳定，从而确保照片清晰。

通常，正确的数码单反相机持握方法，我们按照相机横握与竖握，将手持方法分为横握与竖握两种；按照拍摄者站立或者下蹲，将相机持握方法分为站立拍摄姿势和蹲姿拍摄。

有时，我们手持长焦镜头时，为了使相机更加稳定，我们还会借助周围的树木、石头或者矮墙等，将身体依靠在这些事物之上，使照片更加清晰。

接下来，以实例图片的形式，为大家展示一下，在实际拍摄过程中，相机正确持握方法。

▲ 双腿分开的站立横拍姿势

▲ 前跨半步的站立横拍姿势

▲ 双腿分开的站立竖拍姿势

▲ 前跨半步的站立竖拍姿势

▲ 横拍蹲姿姿式

▲ 竖拍蹲姿姿势

▲ 使用长焦镜头拍摄时，可以用手臂托住镜头部分

▲ 借助大树作为支撑

如何按快门

按快门，听起来好像很简单，不就是按下快门按钮就可以了吗？其实，按快门是有讲究的。

我们常说的按快门这个动作，要分作两步，先是半按快门，然后才是全按快门。

之所以会有半按快门的动作，主要是因为，目前，大多数数码单反相机的测光以及对焦功能，都是通过半按快门完成的。简单来说，半按快门时，相机对被拍摄场景进行测光与对焦过程，在完成这一步骤的情况下，再全按快门，照片才能获得最佳拍摄效果。

▲ 佳能相机快门按钮

▲ 尼康相机快门按钮

▲ 半按快门，相机对画面进行对焦，画面由模糊到清晰

▲ 画面清晰后，相机会发出滴滴声，对焦完成

照片浏览和删除

在拍摄完一张照片之后，可以通过相机回放按钮查看已拍摄的照片，在对某些不满意照片编辑时，还可以通过相机删除按钮，删除这些不满意照片。

另外，在相机存储空间不足时，也可以通过回放和删除按钮，选择一些照片进行删除，从而腾出一些存储空间来。

佳能相机照片浏览

1. 按下回放预览按钮

2. 进入相机浏览界面，通过拨动速控转盘查看照片

佳能相机照片删除

1. 按下删除按钮

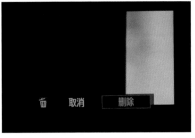

2. 对想要删除的照片，可以按删除按钮删除

尼康相机照片浏览

1. 按下回放预览按钮

2. 进入相机浏览界面，通过拨动多重选择器查看照片

尼康相机照片删除

1. 按下删除按钮

2. 对想要删除的照片，可以按删除按钮删除

2

第2课
把照片拍清楚

　　拍摄一张照片，最基本的要求，是把照片拍清楚。用摄影的专业术语讲，就是要将焦点安排在想要重点表现的主体之上，并且对焦清晰。

　　本课将会按相机自动对焦与手动对焦两种情况，介绍为保证照片清晰，拍摄中需要掌握的对焦知识。

2.1 对焦清晰必须要设置什么

所谓对焦清晰，简单来说，是指在拍摄过程中，将焦点对在拍摄对象之上，从而使照片清晰。

这也是很多摄影爱好者在拍摄时竭力追求想要做到的。至于如何做到这些，便需要在拍摄过程之中，务必将对焦点对在拍摄对象上，在确保照片主体清晰的基础上，保证整幅画面对焦清晰，主体突出，主题明确。

▲ 对焦时，对焦点没有落在主体花朵上，而是落在了背景中的叶子上。照片中对焦没有达到主体对焦清晰效果，主体模糊

▲ 将对焦点对在主体花卉上，照片中的主体表现更加明确，对焦清晰

目前，市面上的数码单反相机一般都采用多个对焦点，在实际拍摄时，可以通过相机机身的对焦点按钮，选择合适的对焦点，以保证对焦过程快捷，对焦点准确，从而保证对焦清晰，照片清楚。

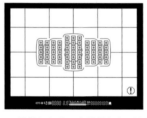

▲ 佳能相机中，在佳能相机顶部快门按钮旁边有一个对焦区域"M-Fn"按钮，按下此按钮，借助旋转主拨盘和速控转盘，可以选择对焦区域以及对焦点所在位置，从而保证拍摄时更加快捷、准确地对焦。

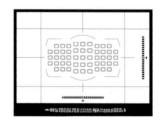

▲ 尼康相机中，在相机机身左侧有对焦模式选择拨盘，在将拨杆指向AF的情况下，按住拨杆内的按钮，并旋转副指令拨盘，可以选择相机AF对焦区域；在机身背面，按下多重选择器中央的按钮，并借助多重选择器，可以选择对焦点在取景器中的位置，从而使拍摄对焦更加快捷、准确。

2.2 自动对焦

目前，数码单反相机的对焦方式，从其对焦原理来说，可以分为自动对焦和手动对焦。其中，自动对焦，主要是指相机对焦过程主要由相机自动完成。目前大多数相机常用的自动对焦方式有3种，佳能公司称之为单次自动对焦、人工智能伺服自动对焦和人工智能自动对焦；尼康公司称之为单次伺服自动对焦、连续伺服自动对焦和自动伺服对焦。

2.2.1 单次自动对焦

单次自动对焦，其工作过程是通过一次半按快门按钮实现对焦成功，在合焦之后即停止自动对焦，可以在保持半按快门按钮的情况下重新调整构图。佳能公司称其为单次自动对焦，用（ONE SHOT）标注；尼康公司则称其为单次伺服自动对焦，用（AF-S）标注。

使用自动对焦模式拍摄时，拍摄模式选择在自动、P、Av、CA、人像、夜景、风光、微距等基本拍摄模式下时，单次自动对焦均为默认对焦模式。

值得注意的是，在半按快门按钮对焦成功之后，到全部按下快门按钮之前的这段时间内，如果拍摄对象移动了，由于对焦点固定，没有变化，所以按下快门按钮，很可能就会拍摄出一张模糊的照片。因此，此种对焦模式多用于拍摄对象静止或者运动变化不明显的场景。

另外，准确合焦时，取景器内合焦点将会以红光闪烁；未合焦时，取景器中的合焦确认指示灯将会闪烁。这种情况下，即便完全按下快门按钮也不能拍摄，应该根据实际原因，进行重新对焦与构图。

场景	单次自动对焦	具体常见使用场景
风景	√	光线较好，明暗关系明显，颜色差别明显，线条性明显的场景
静物	√	杯子、美食、家具灯光等明暗关系或者颜色差异明显的静物场景
花卉	√	一般情况下，都可以使用单次自动对焦
建筑	√	一般情况下，都可以使用单次自动对焦
人像	√	人像静止摆拍的情况下通常使用单次自动对焦
动物	√	动物休息等较为安静的时候拍摄
夜景	√	场景内明暗关系明显或者颜色差异明显的拍摄场景
体育运动	√	运动员起跑前的准备状态或者拍摄角度与运动员运动方向垂直的情况下
儿童	√	儿童睡觉休息、看书等安静做事的情况下
城市夜景	√	场景内明暗关系明显或者颜色差异明显的拍摄场景

▲ 单次自动对焦模式常见使用场景

▲ 佳能数码单反相机的单次自动对焦

▲ 尼康数码单反相机的单次伺服自动对焦

◄ 在拍摄花卉时，可以使用单次自动对焦进行拍摄，从而保证对焦准确

▲ 拍摄摆拍等人像较为安静的场景时，可以使用单次自动对焦，确保对焦点在人像眼睛处，从而使照片更加精彩

▲ 拍摄明暗关系明显的风景照片时，可以使用单次自动对焦

2.2.2　人工智能伺服自动对焦

人工智能伺服自动对焦，默认设置为半按快门按钮期间，会持续追踪拍摄对象进行对焦。不仅是前后方向的移动，当相对相机左右移动时，也能根据自动对焦区域选择单次对焦模式或连续对焦模式，对拍摄对象进行追踪。

佳能公司称此种对焦方式为人工智能伺服自动对焦，用（AI SERVO）标注；尼康公司则称之为连续伺服自动对焦，用（AF-C）标注。

与单次自动对焦不同的是，自动对焦系统能够实时根据焦点的变化驱动镜头调节，从而最大限度地保证在拍摄动态主体时，画面主体有更佳的清晰度。

需要注意的是，相机的对焦点需要实时地对准拍摄对象，这样在按下快门按钮后就很少出现拍摄对象对焦不准确的问题了。

另外，使用人工智能伺服自动对焦，合焦时既不会发出提示声响，确认指示灯也不会亮起。

场景	人工智能伺服自动对焦	具体常见使用场景
人像	√	模特走动、跳舞、跑步等运动场景
动物	√	动物嬉戏打闹、飞翔、奔跑、游来游去、摆头等运动的场景
体育运动	√	比赛过程中，比赛选手处于运动过程时
儿童	√	儿童往前爬、走路、奔跑、玩耍等运动场景

▲ 人工智能伺服自动对焦模式常见使用场景

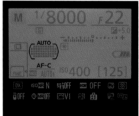

▲ 佳能数码单反相机的人工智能伺服自动对焦　　▲ 尼康数码单反相机的连续伺服自动对焦

▲ 拍摄人物奔跑嬉闹的场景，可以使用人工智能伺服自动对焦进行拍摄

▲ 飞鸟飞翔瞬间，借助人工智能伺服自动对焦，可以更加清晰地捕捉运动中的飞鸟

▲ 拍摄高速运动的比赛场景，在使用人工智能伺服自动对焦时，捕捉拍摄更加高效

▲ 拍摄追逐的儿童时，使用人工智能伺服自动对焦，对焦捕捉更加快捷准确，照片更加清晰

2.2.3 人工智能自动对焦

就佳能相机而言，人工智能自动对焦，用（AI FOCUS）标注，是数码单反相机在单次自动对焦（ONE SHOT）和人工智能伺服自动对焦（AI SERVO）两种自动对焦模式的基础上新增加的一项自动对焦模式。相应地，在尼康相机中则称这种将单次伺服自动对焦（AF-S）与连续伺服自动对焦（AF-C）相结合的对焦方式为自动伺服对焦，用（AF-A）标注。

这种自动对焦方式在工作时，单次自动对焦完成合焦，如果静止主体开始移动，人工智能自动对焦将自动把自动对焦模式从单次自动对焦(ONE SHOT)切换到人工智能伺服自动对焦（AI SERVO），来追踪拍摄对象进行对焦，从而更大程度地提升应对运动状态和突发状态的能力。

值得注意的是，相机在切换到人工智能伺服模式下的人工智能自动对焦模式合焦时，会发出轻微的提示音，但是，取景器中的合焦确认指示灯不会亮起。

场景	人工智能自动对焦	具体常见使用场景
人像	√	在不确定人物下一刻处于何种运动状态时
动物	√	动物处于活跃期、或动或静的情况
体育运动	√	运动员比赛运动过程中不确定的情况
儿童	√	儿童或安静或吵闹，在拍摄时，无法预测儿童下一刻的动作时

▲ 人工智能自动对焦模式常见使用场景

▲ 佳能数码单反相机的人工智能自动对焦

▲ 尼康数码单反相机的自动伺服对焦

▲ 在拍摄模特伸展手臂过程中，可以使用人工智能自动对焦进行拍摄

▲ 宠物狗安静地盯着某一处时，尽量使用人工智能自动对焦

▲ 在拍摄球赛时，因为球员运动状态以及前进方向变动太大，所以尽量使用人工智能自动对焦

▲ 拍摄玩耍的儿童时，使用人工智能自动对焦，使拍摄更有保证

2.3 手动对焦

除以上自动对焦的情况之外，有时会遇到自动对焦失灵的状况。为此，数码单反相机保留了原始的手动对焦功能，这也增添了拍摄的趣味性。

2.3.1 什么情况下需要选择手动对焦

相对于自动对焦功能的快捷便利，手动对焦具有更加准确灵活的优势，但是随之而来的是对焦难度的增大，因此，一般情况下，摄影师多会选择自动对焦，只有在几种比较特殊的情况下才会选择手动对焦。

接下来，介绍几种自动对焦失灵或者效果不佳的情况，这时便需要使用手动对焦了。

1. 弱光情况下的对焦

自动对焦工作原理是依赖在光线满足的情况下，场景中拥有足够的对比度，相机借助对场景中对比度的检测完成对焦。然而，在光线不足的情况下，对比度随之降低，往往造成相机自动对焦失灵，有时纵使使用了自动对焦辅助灯，也无法应付。

在这种弱光情况下，使用相机自动对焦将很难准确完成对焦，即使对焦成功，也会出现对焦错误的情况发生，导致照片对焦模糊，照片画面模糊，因此需要使用手动对焦进行对焦工作。

▲ 光线环境较暗的晚上，使用自动对焦，对焦不准，照片模糊不清

▲ 使用手动对焦，照片焦点清晰，从而得到清晰的画面

2. 对比度不够的场合

虽然光线不足可以降低环境中的对比度，造成自动对焦失灵，但是不可混淆以为只有在弱光情况下，才会出现对比度不足。

其实，在光线充足的环境中，也有可能出现这种自动对焦失灵的情况。比如在拍摄一面纯色墙壁时，由于场景中颜色相同，相机无法通过颜色差异辨别场景，从而造成自动对焦不准，焦平面偏移，甚至出现自动对焦失灵的情况。这个时候就需要关闭相机的自动对焦功能，选择手动对焦功能进行对焦拍摄了。

另外，在一些特殊天气也会出现对比度不足，造成自动对焦不准的情况，如雪景、雾天等。

▲ 在雾天拍摄，环境中对比度不足，需要使用手动对焦，以保证照片中对焦的准确与清晰

▲ 雪景中拍摄时，因为纯净白色的缘故，使用手动对焦可以很好地完成拍摄

3. 拍摄大场景风景的时候

在拍摄风景时，多采用小光圈，制造较深的景深，从而使拍摄的整个风光场景在照片中都处于清晰状况。

因此，在很多时候会将对焦点对在风景前后延伸空间的中间位置，这时，若使用自动对焦，或多或少会使对焦区域与对焦点偏离场景中央区域。为了解决这一问题，在实际拍摄时，选择使用手动对焦进行对焦拍摄，可以更有效地保证照片对焦在场景中央位置，确保整幅画面清晰。

另外，在使用数码单反相机拍摄时，可以开启液晶显示器的实时取景功能，并借助放大按钮放大画面，对放大之后的场景进行对焦，使对焦更加准确。

▲ 使用手动对焦，可以灵活地将对焦点对在画面中场景中央位置，从而保证整张照片清晰

▼ 使用手动对焦拍摄HDR照片，更有效地保证了照片清晰

4. 借助相机功能并需要后期处理的照片

目前，数码单反相机具有多种强大的后期合成功能，如常见的HDR。HDR可以合成几张曝光不同的照片，使用这一功能拍摄的照片，除了曝光不同外，其他控制完全相同。然而，在使用自动对焦时，每张照片之间或多或少会出现焦点位置的变化，如果变化严重时，更会造成照片合成之后的画面模糊。

再如，在使用相机内多重曝光功能时，为了获得更具创意的效果，自动对焦有时很难满足拍摄需要。

在应对这些情况时，可以关闭相机自动对焦功能，借助手动对焦，完成更加精准、灵活的拍摄。

▼ 在拍摄花卉时，可以使用单次自动对焦进行拍摄，从而保证对焦准确

5. 相机与拍摄对象之间有障碍物

多次拍摄下来，会发现拍摄时难免遇到拍摄对象与相机之间存在障碍物的情况。有时可以避开这些障碍物，但有时对它们也会无可奈何。

通常，这些障碍物是铁丝网、玻璃、栅栏等物。其中，铁丝网、栅栏等障碍物，因为其间多有空洞，所以也可以采用一些方法避免。但是，在遇到玻璃时，常常会受到玻璃影响，相机自动对焦会变得准确度下降，有时更甚，焦点直接对在玻璃之上，从而导致拍摄失败。

为解决这一问题，可以利用最近对焦距离，从而提升相机自动对焦准确度。然而这一方法也有很大局限性：倘若在拍摄过程中无法接近玻璃，又该如何？在这种情况下，也会选择使用手动对焦的方法，解决拍摄过程之中的对焦问题。

▼ 使用手动对焦，透过飞机窗户拍摄窗外的景物，照片受玻璃干扰减少，主体清晰

▲ 使用手动对焦，拍摄水族馆中的游鱼，玻璃对拍摄的影响减少，照片更加精彩

6. 拍摄人像

人像拍摄，使用最多的就是自动对焦了。那么，为什么这里还要说使用手动对焦拍摄人像呢？

这主要是因为，人像摄影往往最重要的就是拍摄眼睛。为了配合背景虚化处理的要求，很多时候都会使用大光圈浅景深，而在这种情况下，焦点往往会自动对在眼睫毛、鼻尖等地方，从而使人像的眼睛变得模糊，破坏了照片的活力。观众在看这种照片时，也会有很多不舒服的感觉。

因此，在这种情况下，使用手动对焦要好于使用自动对焦拍摄。

◀ 手动对焦拍摄人像，对焦点可以更加准确地对在人物眼睛处，照片更具活力

7. 微距摄影

手动对焦使用最多的也就是微距摄影了。

微距摄影，是指借助微距镜头进行拍摄的摄影方式，主要是用来进行体型较小的题材拍摄，如昆虫摄影、花卉摄影等，都有涉及。

微距摄影的最大特点便是，大光圈下景深范围特别浅，画面之中的清晰范围很小。这就使得拍摄过程中对相机稳定性以及相机的自动对焦性能要求很高，倘若相机自动对焦有跑焦现象，照片将会出现模糊、焦点不清晰的情况，照片也会随之失败。

因此，在拍摄微距摄影时，为了避免因自动对焦出现的各种问题，摄影师一般会选择使用手动对焦，从而最大限度地避免对焦清晰以后，在按下快门按钮过程中对焦点的变化。

8. 主体以外占画面部分太大

这种情况，主要是针对主体占照片很小位置的风格照片来说的。比如，在一个广阔场景之中，人像只占照片很小的比例，而这时，人物又是照片中不可或缺的灵魂主体所在，如果使用自动对焦，难免会出现焦点偏离不准的情况。因此，只有使用手动对焦的方法，才可以使画面焦点更加准确地对在照片之中的主体上，保证照片精彩、有活力。

遇到这种情况拍摄时，可以开启相机实时取景功能，通过液晶显示屏与放大功能，更加精准地进行对焦。

▲ 使用微距镜头拍摄蒲公英时，使用手动对焦可以更加准确地将焦点对在蒲公英上，从而使照片更精彩

▼ 使用手动对焦拍摄人物所占画面比例较小、背景较大的场景，可以更加准确地完成对焦，从而使画面清晰

2.3.2 如何进行手动对焦

所谓手动对焦，是指在拍摄时，如何将相机设置到手动对焦模式，并且更加快捷高效地完成准确的手动对焦。

不同生产厂商在设计相机对焦系统时有所区别。以下，将从尼康、佳能两大相机厂商入手，简单介绍相机手动对焦方法。

1. 尼康相机手动对焦设置

在设置手动对焦时，可以通过两种方法，将尼康相机的对焦模式变为手动对焦：将镜头处的对焦拨钮拨到"M"处，或者将相机机身左侧对焦模式拨杆拨到"M"处，即可将对焦模式设置为手动对焦。

▲ 尼康相机，镜头处手动对焦选择拨钮与机身处手动对焦拨杆，将其中任意一处选在"M"处，相机都将进入手动对焦状态

之后便是拍摄过程中的对焦了。在实际对焦过程中，拍摄者用左手来回旋转镜头上对焦环，并用眼睛注视取景器中景物的清晰状况，当对焦点变红时，对焦完成。

▲ 将对焦模式选择为手动对焦之后，在实际对焦过程中，眼睛看着取景器，先大幅度左右旋转对焦环，然后围绕取景器中清晰的画面，再小幅度左右旋转对焦环，从而确定最佳对焦效果

2. 佳能相机手动对焦设置

与尼康相机略有不同，使用佳能相机进行对焦时，在选择手动对焦方面，一般只可以在镜头处变换手动对焦与自动对焦。不过，这也使得以后选择自动对焦时，免得考虑两个地方了。

▲ 佳能相机，镜头处手动对焦选择拨钮，将其选在"MF"处，相机进入手动对焦状态

与尼康相机相同的是，在之后进行对焦操作时，同样需要用眼睛看着取景器中景物的清晰状况，然后，用左手左右旋转镜头对焦环，从而进行手动对焦。

不过，需要注意的是，尼康相机手动对焦用"M"表示，而佳能相机手动对焦则用"MF"表示。

▲ 与尼康相同：将对焦模式选择为手动对焦之后，在实际对焦过程中，眼睛看着取景器，先大幅度左右旋转对焦环，然后围绕取景器中清晰的画面，再小幅度左右旋转对焦环，从而确定最佳对焦效果

3. 佳能相机手动对焦还可以进行全时手动对焦

所谓全时手动对焦，是指在单次自动对焦模式下，半按快门按钮对焦后，保持快门按钮半按，直接手动调整对焦环，其主要作用是对焦点进行微调。

需要注意的是，使用全时手动对焦时，必须半按快门按钮对焦，之后保持半按住快门按钮不松开，不然全时手动对焦将失去原有的意义。

另外，不要混淆的是，全时手动对焦是针对镜头的一种功能，是超声波马达镜头具备的一个重要优点。目前，采用USM（佳能）、SSM（索尼）等超声波马达，或者镜头带有距离窗设计的这类镜头，一般都支持全时手动对焦。在实际拍摄中，可以根据镜头说明书来判断镜头是否支持全时手动对焦功能。

▲ 佳能 EF 24-105mm f/4L IS USM 镜头，具有全时手动对焦功能

▲ 佳能 EF 70-200mm f/2.8L IS II USM 镜头，具有全时手动对焦功能

▲ 使用全时手动对焦拍摄时，先半按快门按钮，完成对焦，然后，左右转动镜头上对焦环，微调对焦点，待对焦效果达到最佳时，按下快门按钮，完成拍摄

◎ 70mm ✳ f/8 ▨ 1/400s ISO 100

▽ 借助全时手动对焦功能，可以进一步将对焦点进行微调，从而使画面更加清晰

2.4 常见对焦问题

在介绍自动对焦与手动对焦之后，接下来一起了解一下，在实际拍摄中有关对焦的常见问题。

2.4.1 应该对哪儿进行对焦

在了解了如何进行对焦操作之后，便可以进行拍摄了。但是有一个问题需要注意，那便是，拍摄不同题材时，应该对哪里进行对焦，也就是说，应该将对焦点放在主体的什么位置。比如在拍摄人像时，为了使照片更具灵性，通常会将对焦点对在人物眼睛上。

接下来，将简单了解一下，在拍摄不同题材时，应该将对焦点放在何处。

1. 人或动物

在拍摄人以及其他动物时，为了表现动物有灵，首先会考虑将对焦点对在动物的眼睛上，这样一方面符合观众的视觉习惯，另一方面也大大增加了照片精髓。

不过，有时并非要拍摄、表现人物或动物面部表情。在一些创作拍摄过程中，摄影师们也喜欢拍摄人与动物的局部，比如拍摄新生婴儿的小脚丫，拍摄可爱猫咪的小爪子，等等。这些时候，对焦点便不再可能是眼睛了。

◎ 85mm ✳ f/2.8 〰 1/320s ISO 200

▼ 拍摄睡着的小猫时，将对焦点对在小猫眼睛眯起来的缝处，照片中宠物猫的呆萌可爱尽皆被表现出来

因此，在实际拍摄人与动物的过程中，首先要了解的是需要拍摄什么，照片想要表达与诉说什么。只有在确定照片主题的情况下，才能明确自己拍摄的这些照片，对焦点应该在哪些地方。

▲ 在表现初生婴儿的时候，选择拍摄他们的小脚，可以增加照片的趣味性

2. 玻璃杯、美食等静物

在拍摄玻璃杯、美食等静物时，通常情况下，会结合使用的构图方法，将对焦点对在静物最精彩的部分。比如在使用对称方法拍摄玻璃杯时，会将对焦点对在玻璃杯凸向自己的那面的中间位置；在使用黄金分割构图法拍摄美食时，会将对焦点对在黄金分割点位置的美食部位。

不管怎么说，在拍摄静物时，同样需要知道所拍摄的静物照片想要表现什么，这样，才可以更加快捷地确定拍摄所要的对焦点处于何处。

▶ 拍摄饰品戒指时，将对焦点对在戒指上，照片主体表现明确

3. 建筑、风光等风景拍摄

在拍摄建筑以及风光时，为了更清楚地表现建筑及风景，多会使用小光圈进行拍摄。由于景深范围较深，为了更好地处理景深深度与照片清晰度之间关系，在拍摄时，多会将对焦点对在建筑或风景远近的中间位置，这样便可以保证前景与远景之间大致相同的清晰范围。

另外，在结合不同构图的情况下，将对焦点对在不同位置，比如，在使用黄金分割构图方法拍摄建筑时，还可以将对焦点对在场景中的黄金分割点位置。

◀ 使用黄金分割构图时，将对焦点对在黄金分割点处的建筑上

4. 星轨、烟花、闪电等夜景

在夜晚弱光情况下拍摄这些题材，多使用手动对焦，旋转对焦环对焦到无限远的位置，这样便可在一定程度上保证画面中烟花、星轨、闪电的清晰。

▶ 将对焦环转到无限远的位置，拍摄烟花，照片中烟花清晰

2.4.2　运动物体如何对焦

在拍摄静止的物体时，直接将对焦点对在静止物体上，按下快门按钮便完成拍摄，但是在拍摄运动物体时，要如何进行对焦呢？

首先，在拍摄运动物体时，将相机自动对焦模式选择为人工智能伺服自动对焦，这样一来，相机便可以实时进行对焦，从而保证对焦更加准确。

其次，拍摄运动物体时，要先了解物体运动幅度与方向，从而预判运动物体下一刻会出现的位置。

最后，半按快门按钮，将相机一直对准运动物体，预判最佳位置，迅速按下快门按钮，完成拍摄。

另外，在拍摄运动题材时，还有一种较为常用的对焦方法——追随摄影。

简单来说，追随摄影是指拍摄者持握相机，使用较慢的快门速度，半按快门按钮，将相机对准运动物体，形成一个相机追着运动物体转动的过程，在追随到一定位置时，按下快门按钮，完成拍摄。

值得注意的是，在追随过程中，为了增强成功率，多选择相机中央对焦点结合人工智能伺服自动对焦进行追随拍摄。

▲ 观察宠物运动状态，预判它们下一刻出现的位置，提前做好准备，并半按快门按钮寻找最佳拍摄时机

⊙ 300mm　🔆 f/10　〰 1/50s　ISO 100

▼ 使用追随方法拍摄，可以拍摄出主体清晰，背景模糊的照片，增加了照片的动感

2.4.3　对焦后想调整构图怎么办

在实际拍摄中，有时会发现在完成对焦后，构图并不是那么理想。要解决这一问题，可以松开快门按钮，变换对焦点进行重新构图对焦，也可以借助对焦锁定的方法锁定对焦，然后移动相机重新构图。

需要注意的是，对焦锁定，是指在半按快门按钮完成合焦之后，相机会将焦点锁定在这个位置，即便是移动相机重新构图，也不会改变对焦点的位置。

在采用单次自动对焦模式拍摄的情况下，半按快门按钮，首先确定合焦位置，然后自由移动相机，重新调整构图后进行拍摄。为更好地进行对焦锁定，一般将自动对焦点固定于中央。

在实际操作时，还需要注意与拍摄对象之间的距离保持固定不变，这样便可以很好地避免因相机移动角度过大而导致对焦位置的偏移。

▲ 首先取景，将主体安排在画面正中间

▲ 半按快门按钮，对主体进行对焦，并一直保持半按快门按钮状态

▼ 使用中心对焦点拍摄时，半按快门按钮进行对焦，当对焦点亮起时，半按住快门按钮，完成焦点锁定，然后将相机向右移动，重新构图，待构图完毕，按下快门按钮，完成拍摄

2.4.4 镜头对不上焦怎么办

除了以上问题，拍摄过程中，最棘手也是最让人不舒服的，便是对不上焦的问题了。

从镜头无法对焦的原因来说，可以将这些问题总结为以下3点。

（1）相机与拍摄对象之间的距离小于镜头最近对焦距离；

（2）环境中，拍摄对象与周围环境反差小，对比度不明显；

（3）环境内光线太暗，无法完成自动对焦。

在了解了对不上焦的原因之后，便可以依据这些问题采用相应的解决方法。

1. 控制好相机与拍摄对象之间距离

不仅镜头有最近对焦距离，人的眼睛也是如此。当我们将手中的一本书贴近脸时，便会发现什么也看不清，相机镜头也是这个道理。

所以，在实际拍摄时，要了解所用镜头最近对焦距离是多少，控制好相机与主体之间的距离，从而避免镜头对不上焦的情况发生。

另外，在隔着玻璃拍摄时，也可以利用这一原理，使玻璃与相机之间的距离小于镜头最近对焦距离，从而避免玻璃干扰。

▲ 光线太暗，相机对不上焦

▲ 环境中反差较小，也可能造成对不上焦

◎ 400mm ✳ f/4 〰 1/640s **ISO** 100

▼ 相机与拍摄对象之间距离大于最近对焦距离的时候，便会避免对不上焦的情况

2．使用手动对焦

在光线较暗、反差不足的环境中，相机自动对焦失灵，这时可以关闭自动对焦，使用相机手动对焦进行对焦拍摄。

具体操作时，眼睛看着取景器，左手来回旋转相机镜头对焦环，确保对焦点对在所要拍摄的主体之上，完成对焦。

值得注意的是，在光线不足的情况下拍摄，应尽量使用三脚架稳定相机，从而使在按下快门按钮以后，拍摄的照片不会因为快门时间较长，手持抖动，造成模糊；在光线充足，反差不足的情况下，确保对焦点对在主体之上，按下快门按钮，完成拍摄。

3．借助参考物进行对焦

这里所找的参考物是指与拍摄对象同在一个焦平面的参考物。

具体操作时，在反差不足的情况下，寻找场景中与拍摄对象焦平面相近的物体作为参考，对其进行对焦，然后借助对焦锁定功能，锁定对焦，移动相机，将参考对焦点移到拍摄对象上，按下快门按钮，完成拍摄。

▲ 在反差不足的雾天，借助手动对焦，可以解决对不上焦的问题

◎ 200mm　✻ f/5.6　▧ 1/30s　ISO 200

▼ 光线不足的情况下，将透过窗户的灯光作为参考进行对焦，半按快门按钮，再将相机向右移动，将焦点移动到小屋上，解决对不上焦的问题

3

第 3 课
真实再现物体原貌——曝光准确

　　曝光准确的照片可以将拍摄对象的明暗度和质感真实地表现出来，也就是说拍摄的照片不能太黑，也不能太白，亮度要适中。这也是拍摄照片时最基本的要求之一。
　　本课我们将结合具体的照片详细讲解如何获得曝光准确的照片效果，以及应该注意哪些技巧。

准确曝光的定义一般有两种。

（1）真实再现拍摄对象的亮度。通过控制相机的曝光量，使照片中拍摄对象的亮度和眼睛实际看见的亮度相同或者相似。

（2）根据创作意图曝光。除了真实再现拍摄对象的亮度外，摄影师可以根据自己的创作意图，适当地使景物显得更亮或者更暗，获得准确的曝光。比如，拍摄高调效果的照片时，拍摄对象在照片中显得更加明亮，照片也会具有很好的美感。

▲ 曝光不足的照片，画面太暗，景物细节没有得到还原

▲ 曝光过度的照片，画面太亮，景物细节丢失

◎ 150mm　✳ f/2.8　〰 1/400s　ISO 100

▼ 曝光准确的照片，不仅亮度非常合适，照片的色彩和质感也得到了很好的体现，景物的原貌得以真实还原

3.2 影响曝光的三要素

影响照片曝光的因素有三个：光圈、快门速度、感光度。它们不仅共同控制照片的曝光，各自还会对照片产生一些其他的影响。下面将分别对它们进行讲解。

3.2.1 光圈

光圈是镜头上控制进光量的装置，可以通过机身的操作对其大小进行设定，使用 F 或 f/ 表示。简单来说，光圈是镜头中央的孔，这个孔越大，镜头单位时间进入的光线就越多，照片的曝光就越强。和光圈有关的知识如下。

（1）光圈的数值越小，光圈孔径越大。比如，f/2 的光圈孔径大于 f/4。

（2）光圈可以控制照片的背景虚化程度。光圈孔径越大，画面中的背景虚化程度越大。比如，拍摄人像时，利用大光圈可以获得背景虚化、主体突出的效果；拍摄风景时，利用小光圈可以获得更大的清晰范围。

镜头内的光圈孔

◀ 通过机身的操作可以控制这个孔径的大小

◎ 85mm ☀ f/4 〰 1/200s ISO 100

▶ 使用大光圈拍摄的照片不仅曝光准确、人物清晰，而且获得了模糊的背景，照片给人主体突出的感觉

◎ 40mm ☀ f/18 〰 1/20s ISO 100

▼ 使用小光圈拍摄，照片满足准确曝光的同时，画面的清晰范围很大，从前景到背景都非常清晰

3.2.2 快门速度

快门速度也是控制相机曝光的要素之一，它可以控制光线进入相机的时间。在相同场景下，光线进入相机的时间越长，照片显得越亮。比如，使用1/60秒的快门速度拍摄，那么相机中感光元件接受到光线的时间就是1/60秒；使用10秒的快门速度拍摄，光线进入相机的时间就是10秒。

另外，快门速度还可以控制照片的动感。比如，使用1/30秒以下的慢速快门拍摄流水，可以获得如丝如雾般的效果；使用高速快门拍摄快速移动的飞鸟、人物，可以凝固主体运动的瞬间，照片会具有很强的视觉冲击力。

◎ 35mm ✳ f/18 〰 10s ISO 100

▲ 10秒的慢速快门获得了准确的曝光效果，而且长时间的曝光使流动的瀑布形成了如丝如雾的梦幻效果

▲ 相机中的快门组件

◎ 400mm ✳ f/5.6 〰 1/2000s ISO 1600

▼ 高速快门获得了准确的曝光效果，而且高速运动的运动员被凝固在了画面中，照片具有很强的视觉冲击力

3.2.3 感光度

　　感光度通过控制感光元件对光线的敏感程度来控制曝光，用ISO表示。相机的感光度越高，感光元件对光线越敏感，越容易在光线较暗的地方获得准确的曝光效果。

　　另外，感光度除了控制照片的曝光外，还会影响照片的噪点数量。一般情况下，设置超过ISO 1600的感光度，照片就很容易出现明显的噪点。

📷 40mm ✳ f/11 〰 1/400s ISO 100

▼ 使用低感光度拍摄的照片获得了准确的曝光，而且照片中没有明显的噪点，给人细腻、清晰的感觉

📷 40mm ✳ f/8 〰 1/4000s ISO 3200

▲ 高感光度可以获得准确的曝光，但是感光度太高，照片出现了明显的噪点

3.2.4 曝光三要素之间的关联

　　光圈、快门、感光度三者的组合，确定了一张照片的曝光量，应该根据拍摄目的对它们进行设定。例如，需要慢速快门时，使用小光圈满足正常曝光；在较暗的地方拍摄时，设置较高的感光度从而获得更快的快门速度，等等。

　　下面几种组合产生的曝光量是相等的。光圈f/2.8+快门速度1/100秒+感光度ISO 100=光圈f/2.8+快门速度1/200秒+感光度ISO 200=光圈f/2.8+快门速度1/400秒+感光度ISO 400=光圈f/4+快门速度1/100秒+感光度ISO 200。

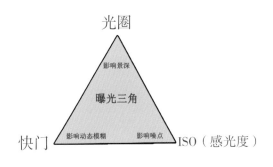

光圈

影响景深

曝光三角

快门　影响动态模糊　影响噪点　ISO（感光度）

3.3 为达到准确曝光，首先要准确测光

前面的小节讲述了获得准确曝光的曝光组合，那么在拍摄照片时如何获得这些数据呢？

其实，通过相机内部的测光系统可以很方便地获得准确曝光所需要的数据。一般而言，相机的测光系统提供了评价测光、中央重点平均测光、点测光等测光模式。下面将对它们进行详细的讲解。

3.3.1 评价测光

评价测光是佳能相机中使用得最多的一种测光模式，尼康相机中类似的测光模式叫作矩阵测光。这种测光模式的特点是：针对画面整体进行测光，将画面中所有反光都考虑在内，保证照片整体获得准确的曝光；非常适合拍摄优美、大气的风光照片。

◀ 佳能相机的评价测光

◀ 尼康相机的矩阵测光

📷 24mm ✳️ f/8 〰️ 1/250s ISO 100

▼ 使用评价测光拍摄的风景照片获得了准确的曝光，照片显得非常唯美

3.3.2 中央重点平均测光

　　中央重点平均测光是佳能相机中的一种测光模式，尼康相机中类似的测光模式叫作中央重点测光。顾名思义，这种测光模式会重点考虑画面中央部分的曝光，在满足中央部分景物正常曝光的基础上会兼顾其他区域的曝光。这种测光模式非常适合主体在画面中央的拍摄对象，例如，拍摄居中构图的人像、静物等。

▲ 尼康相机的中央重点测光

▲ 佳能相机的中央重点平均测光

◎ 50mm　❋ f/4　〰 1/400s　ISO 100

▼ 使用中央重点平均测光拍摄的人像照片，人物获得了准确的曝光，显得非常唯美、自然

3.3.3 点测光

　　和前面两种测光模式相比，点测光具有更强的针对性。它会对画面中的一个点进行测光，并且只会考虑这个点的反光情况，保证它获得准确的曝光。这个点的面积大概占全图 2% 左右。

　　点测光是专业摄影师非常喜欢的测光模式。它可以根据摄影师的喜好，使照片的曝光效果完全达到摄影师的要求。例如，在逆光条件下拍摄，使用点测光对背光地方的主体测光，可以获得主体曝光准确、背景曝光过度的照片效果；而使用点测光对背景的亮部测光，也很容易获得背景曝光准确、主体由于曝光不足呈现剪影的效果。

　　另外，点测光也是拍摄人像时使用得最多的测光模式。因为，使用点测光对人物的脸部测光，可以使人物的皮肤获得准确的曝光，从而显得更加白皙。

▲ 尼康相机的点测光

▲ 佳能相机的点测光

◎ 100mm　❄ f/4　🗲 1/200s　ISO 100

▼ 使用点测光对人物的皮肤测光，人物获得了准确的曝光

3.3.4　局部测光

除了上面说到的3种测光模式外，佳能相机还提供了局部测光的测光模式，这种测光模式偏重于对取景器中央进行测光，覆盖了取景器中央约7.7%的区域。

由于这种测光模式的测光区域大于点测光，可以针对景物的局部进行测光，所以适合用于拍摄人像、风光等题材。

▲ 佳能相机的局部测光

3.3.5　不同场景下如何选择测光模式

拍摄不同场景时，应该选择不同的测光模式。例如，在逆光条件下拍摄时，利用点测光、局部测光等针对特定的区域进行测光，可以保证主体获得准确的曝光，非常合适；在顺光条件下拍摄时，画面的反差较小，使用评价测光、矩阵测光可以使整个照片的曝光更加准确。

需要注意的是，不论采用什么测光模式都是提供一个曝光的依据，摄影师根据拍摄经验，对得到的曝光数据进行适当的修改，可以获得更好的拍摄效果。而且对于熟练的摄影师来说，长期使用一种测光模式，完全可以应对绝大多数拍摄场景。

◎ 50mm　✳ f/2.8　〰 1/400s　ISO 100

▼ 使用局部测光针对人物的脸部皮肤测光，使模特给人白皙的感觉

3.4 根据不同拍摄场景选择合适的曝光模式

数码单反相机提供了多种曝光模式，可以使照片的曝光更加准确。其中，全手动曝光、光圈优先曝光、快门优先曝光、程序自动曝光、全自动曝光、B门曝光、场景曝光等模式都非常常见。下面将分别对它们进行介绍。

3.4.1 全自动曝光模式

全自动曝光模式也被称为傻瓜模式，拍摄者不需要对相机进行任何曝光方面的操作，相机会自动获得准确的曝光。

这种曝光模式的优点是：使用方便，拍摄者可以将精力放在构图、光线等方面，而且随着科技的发展，全自动曝光模式往往会根据拍摄场景，自动产生最合适的曝光组合。这种曝光模式的缺点是：由于拍摄者对影响曝光的光圈、快门、感光度不能进行准确的设定，都由相机完成，因此很难用于一些特殊光线环境下的摄影创作。

佳能 EOS 5D Mark III 相机的全自动曝光模式

尼康 D7100 相机的全自动曝光模式

◎ 85mm　f/4　1/250s　ISO 100

▼ 在室外光线均匀的环境下，使用全自动曝光模式可以得到曝光准确、明暗适中的照片

3.4.2　程序自动曝光模式

使用程序自动曝光模式时，相机自动设定光圈和快门速度，从而使照片获得准确的曝光。结合全自动曝光模式，可以更好地对它进行理解。

（1）程序自动曝光模式下可以手动设定感光度。感光度也是控制相机曝光的重要元素。全自动曝光时，感光度由相机自动设定，而程序自动曝光模式下感光度可以人工设定，从而可以更好地控制照片中的噪点。

（2）可以设置对焦模式、测光模式等。和全自动曝光相比，程序自动曝光模式可以手动设定相机的对焦模式以及测光模式等，从而获得更加清晰、曝光准确的照片效果。

佳能 EOS 5D Mark III 相机的程序自动曝光模式

尼康 D7100 相机的程序自动曝光模式

▼ 拍摄纪实、记录类照片时，利用程序自动曝光模式可以方便快捷地获得准确曝光的照片效果

3.4.3 光圈优先曝光模式

光圈优先曝光模式是摄影师使用得最多的曝光模式。这种曝光模式下，相机不仅会自动产生准确的曝光结果，而且摄影师还可以通过光圈的设定，影响照片的虚实效果。这种曝光模式适合拍摄人像、花卉等具有明确主体的拍摄场景。

需要注意的是，光圈优先曝光模式虽然可以手动设定相机的光圈大小，但是曝光仍然由相机自动完成。如果希望得到更加准确的曝光效果，可以结合曝光补偿一起拍摄。

佳能 EOS 5D Mark III 相机的光圈优先曝光模式

尼康 D7100 相机的光圈优先曝光模式

 24mm ✿ f/10 〰 1/250s ISO 100

▼ 使用光圈优先曝光模式拍摄的人像照片，得到了准确的曝光效果

3.4.4 快门优先曝光模式

快门优先曝光模式下，拍摄者可以设置相机的快门速度，从而影响照片的动态效果，适合拍摄一些运动物体，例如，使用高速快门凝固快速飞行的小鸟；使用低速快门获得如丝如雾的水流效果，等等。

虽然在这种曝光模式下可以手动设定相机的快门速度，但是曝光由相机自动完成。如果希望获得更加准确的曝光效果，可以通过曝光补偿的设定来实现。

需要注意的是，在设定快门速度时，最好不要低于使用焦距的倒数，以免照片出现模糊。例如，使用50mm的镜头拍摄时，最好将快门速度设置为1/60秒或者更快。

佳能 EOS 5D Mark III 相机的速度优先曝光模式

尼康D7100相机的速度优先曝光模式

◎ 200mm　✳ f/2.8　〰 1/4000s　ISO 800

▼ 使用快门优先曝光模式拍摄运动的小狗，将快门速度设置为1/4000秒，小狗的运动瞬间被很好地凝固下来

3.4.5　全手动曝光模式

顾名思义，全手动曝光模式是指曝光的光圈、快门、感光度都由拍摄者手动控制，相机不会自动完成准确曝光。

这种曝光模式的优点是：拍摄者可以完全根据创作需要设定相机的曝光参数，从而获得理想的拍摄效果。例如，拍摄高速运动的物体时，手动设置较高的快门速度；需要虚化的背景效果时，手动将光圈设置为大光圈。

这种曝光模式的缺点是：相机不会自动产生满足准确曝光的曝光组合。在拍摄时，需要时刻关注取景器中的曝光标尺，从而获得准确的曝光。

需要注意的是，使用瞬间光源拍摄时，必须使用全手动曝光模式拍摄，例如，在室内使用闪光灯拍摄人像、静物时。

尼康 D7100 相机的全手动曝光模式

▲ 使用全手动曝光模式时，应该通过取景器观察曝光标尺，并且通过快门、光圈、感光度的设置使标尺处于"0"的位置

◎ 50mm　❋ f/5.6　〰 1/250s　ISO 100

▼ 在夜晚拍摄人像时，使用闪光灯给模特打光，全手动曝光模式使照片获得了准确的曝光

佳能 EOS 5D Mark III 相机的全手动曝光模式

3.4.6　B门曝光模式

B门曝光模式是拍摄需要长时间曝光的景物时常用的拍摄模式。在这种曝光模式下，按下相机的快门按钮保持不松手的状态，相机会一直处于曝光状态，松开快门按钮后相机的曝光才会结束，适合拍摄快门速度超过30秒的拍摄对象，比如拍摄流水、星轨、车轨等。使用时应该注意下面几个技巧。

（1）使用三脚架。长时间曝光时，手持相机会使照片显得模糊，使用三脚架可以保持相机的稳定，获得较为清晰的照片效果。

（2）成功地设置为B门曝光模式。佳能相机的B门曝光模式一般可以通过机身的拨盘直接设定，尼康相机的B门曝光模式如果在相机机身上没有相应的提示，那么使用M挡（全手动曝光模式）时，快门速度为30秒以上的就是B门曝光模式。

（3）结合快门线拍摄。因为使用B门曝光模式时，需要一直按着快门按钮，容易由于手的抖动导致照片出现模糊，使用快门线可以将相机的快门按钮功能转移出来，从而获得更好的拍摄效果。

▲ 佳能相机的B门曝光模式

▲ 三脚架

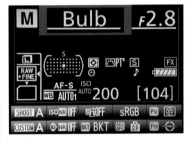

▲ 尼康相机的B门曝光模式

▲ 快门线

◎ 120mm　✳ f/8　〰 B门　ISO 100

▼ 拍摄烟火照片时，曝光时间往往超过30秒，使用B门曝光模式拍摄获得了非常漂亮的照片效果

3.4.7 场景曝光模式

场景曝光模式也属于全自动曝光模式，在一些入门级相机中非常常见。一般情况下，场景模式包括的场景有：人像、儿童、微距、风光、运动等。

通过菜单选择相应的场景后，相机会自动根据选择的场景对相机的曝光组合进行合理设定。例如，使用人像场景模式时，相机会自动虚化背景突出主体，并且人物的头发和皮肤也会显得柔和；选择风光场景模式时，不仅会获得从近到远都清晰的照片效果，而且画面中的蓝色和绿色会显得更加鲜艳。

▲ 尼康相机的场景曝光模式

▲ 佳能相机的场景曝光模式

▲ 使用场景曝光模式时，首先应该将相机的曝光模式设置为场景曝光模式，然后通过液晶显示屏中的菜单选择相应的场景，比如将场景设置为儿童、人像、微距等

◎ 50mm　❋ f/4　⌧ 1/500s　ISO 100

▼ 使用儿童场景模式拍摄，儿童的皮肤显得光滑、细腻

3.5 巧用曝光补偿获得完美曝光

曝光补偿可以对相机自动曝光产生的结果进行修正。比如使用光圈优先模式拍摄人像时，不论如何设置光圈，相机都会按照自己的意愿设置出相机认为准确的曝光组合，如果觉得最终的曝光不准，可以通过设置曝光补偿进行修正。如果照片偏暗，可以设置正的曝光补偿；如果照片偏亮，可以设置负的曝光补偿。

3.5.1 曝光补偿的基本原则：白加黑减

知道了曝光补偿的作用后，应该如何设置曝光补偿呢？

其实非常简单，白加黑减。简单来说，当拍摄主体是白色物体时，需要设置正的曝光补偿；当拍摄主体是黑色物体时，则需要设置负的曝光补偿。

另外，曝光补偿的量并不是一成不变的，设置曝光补偿的量越多，照片会显得越亮或越暗。应该根据拍摄需要进行设定。

◄ 曝光补偿数值为"0"时，表示没有设定曝光补偿

◄ 曝光补偿数值为"-0.7"时，表示设定了-0.7挡的曝光补偿，照片会显得更暗

◄ 曝光补偿数值为"+0.7"时，表示设定了+0.7挡的曝光补偿，照片会显得更亮

▼ 拍摄白色花朵时，设置了+1.0挡的曝光补偿，白色花朵显得更加洁白

3.5.2 需要调整曝光补偿的常见场景

　　一般而言，在下面几种场合需要设定曝光补偿。比如，拍摄白雪、美女人像、花卉等。下面将对它们进行讲解。

3.5.3 适当增加曝光补偿让雪景更白

　　拍摄雪景时，由于拍摄对象非常洁白，需要设置正的曝光补偿使白雪显得更白。设置曝光补偿时，应该注意下面两点。

　　（1）设置合适的量。曝光补偿的数值越高，照片显得越亮。拍摄雪景时，一般将曝光补偿设置为+1.0挡左右可以获得较好的拍摄效果。

　　（2）实时检查效果。雪景虽然都是白色的，但是光照条件不一样，需要设置的曝光补偿也不一样。应该在拍摄结束后，通过回放照片检查拍摄效果，并对曝光补偿进行适当的修改。

◎ 28mm　✳ f/16　〰 1/200s　ISO 200

▲ 准确曝光拍摄的雪景显得很灰

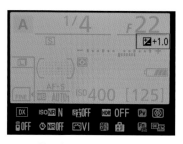

▲ +1.0挡曝光补偿

◎ 28mm　✳ f/11　〰 1/200s　ISO 200

▼ 设置+1.0挡曝光补偿后，雪景显得更加洁白

3.5.4 增加曝光补偿让人物肤色更白皙

拍摄人像时，通过准确曝光可以使人物的皮肤得到准确还原，但是这时人物的皮肤可能会显得较黄。在这种情况下可以通过设置正的曝光补偿使人物显得更加白皙。设置曝光补偿时，应该注意下面两点。

（1）设置合适的量。曝光补偿的数值越高，照片显得越亮。拍摄人像时，过亮的照片容易导致人物的皮肤失去细节。所以，将曝光补偿设置为+0.7挡左右可以获得较好的拍摄效果。

（2）使用点测光拍摄。拍摄人像时，设置+0.7挡曝光补偿的前提是使用点测光对人物的皮肤测光。这样的拍摄效果会更加完美。

◎ 85mm　✾ f/4　◢ 1/200s　ISO 200

▲ 准确曝光的人像照片显得有些灰

▲ +0.7挡曝光

◎ 85mm　✾ f/4　◢ 1/200s　ISO 200

▼ 设置+0.7挡曝光补偿后，人物的皮肤显得更加白皙

3.5.5 降低曝光补偿让花朵的色彩更浓郁

　　拍摄花卉时，通过降低曝光补偿可以使花卉的色彩显得更加浓郁，一般而言，设置-0.7挡曝光补偿可以获得较好的拍摄效果。

　　需要注意的是，降低曝光补偿虽然可以使花朵的色彩更加浓郁，但是花朵也会显得更暗。所以如果想真实再现花朵的色彩，应该遵循白加黑减的原则对花朵准确曝光。

▲ -0.7挡曝光

 100mm f/5.6 1/200s ISO 100

▲ 花朵较亮，色彩显得不够浓郁

 100mm f/5.6 1/200s ISO 100

▼ 设置-0.7挡曝光补偿后，画面中花朵和天空的色彩都显得更加浓郁

3.6 巧用闪光灯获得完美曝光

闪光灯属于瞬间光源，可以在一瞬间产生大量光线，使景物的亮度迅速增加。使用时，既可以利用闪光灯进行补光，使景物显得更加柔和，也可以在较暗的环境下将其灯光作为主光，使拍摄对象获得准确的曝光。下面将对闪光灯的使用技巧进行讲解。

3.6.1 闪光灯的基本操作

首先，使用全自动曝光模式时，如果光线太暗，闪光灯会自动弹起。

其次，需要使用闪光灯时，按下相机上的闪光灯按钮即可打开闪光灯。

最后，在菜单中，可以调节闪光灯的闪光方式和亮度。一般而言，将闪光灯菜单设置为 TTL 模式，可以获得很好的拍摄效果。因为这时相机会自动计算出闪光灯的闪光强度，而且具有较高的精度。

闪光灯

通过此按钮可以调节闪光灯的闪光补偿

▲ 按下闪光灯按钮可以打开闪光灯，也可以调节闪光灯的闪光补偿，对闪光灯发出的光线亮度进行调节

▶ 闪光灯菜单中：TTL 表示相机自动设置闪光灯的亮度；M 表示可以手动调节闪光灯的亮度；RPT 表示闪光灯进行频闪，在极短的时间内发生多次闪光；CMD 表示闪光灯可以对其他外置闪光灯进行引闪

◎ 50mm　✳ f/11　〰 1/200s　ISO 100

▼ 使用闪光灯拍摄的人像照片获得了准确的曝光

3.6.2　需要使用闪光灯的常见场景

　　那么在哪些场合需要使用闪光灯呢？下面将对它们进行讲解。

3.6.3　逆光拍摄人像

　　在逆光条件下拍摄，物体受光面的亮度比背光面要高很多，使用闪光灯对背光面进行补光，可以使照片的亮度更加均匀，从而获得更好的照片效果。例如，在逆光条件下拍摄人像时，使用闪光灯给人物补光，人物的皮肤会显得更加白皙。

3.6.4　拍摄背景杂乱的花朵

　　拍摄花卉时，如果花卉主体所处的环境非常杂乱，可以使用闪光灯给主体补光，使主体的亮度远远高于背景。这样对主体准确曝光后，背景会由于曝光不足而显得较暗。主体花卉可以给人更加突出的感觉。

◎ 85mm　✳ f/4　〰 1/250s　ISO 200

▲ 逆光拍摄人像时，使用闪光灯给人物补光，人物的皮肤显得非常白皙

◎ 105mm　✳ f/8　〰 1/200s　ISO 100

▼ 拍摄环境杂乱的花卉时，使用闪光灯给主体补光，背景显得很暗的同时，花卉主体显得非常突出

3.6.5　在光线较暗的情况下

　　光线较暗的时候，如果不使用闪光灯拍摄，照片很容易由于抖动而显得模糊，使用闪光灯补光，可以使照片显得较为清晰。比如，在夜晚拍摄昆虫、动物时，拍摄对象的受光较暗，应该使用闪光灯补光。

3.6.6　给人物增加眼神光

　　在拍摄人像时，闪光灯还有一个非常重要的作用，那就是给人物添加眼神光。有眼神光的照片给人眼睛明亮有神的感觉。拍摄时，应该合理控制闪光灯与模特的距离，距离越近，眼神光越明显，但是也越容易在人物脸上产生阴影。

◎ 105mm　✳ f/4　〰 1/250s　ISO 400

▲ 在夜晚拍摄动物时，使用闪光灯给动物补光，动物显得非常清晰、明亮

▲ 将照片放大后，眼神光显得更加明显

◎ 35mm　✳ f/2.8　〰 1/200s　ISO 200

▼ 使用闪光灯给人物补光，人物眼中的眼神光使模特看起来更加精神、有气质

4

第4课
还原物体真实的色彩——设置白平衡

　　拍摄一张照片，除了要将照片拍摄清晰之外，色彩还原准确、保证画面不偏色，也很重要。那么，应该如何设置相机以获得准确的色彩还原？

　　其实，通过数码相机强大的白平衡设置功能，就可以轻松获得色彩准确的照片效果。本课中，我们将对白平衡的设定技巧进行讲解。

4.1　什么是白平衡

简单来说，白平衡是数码相机特有的功能，可以通过这个功能使拍摄对象获得准确的色彩还原。

数码相机可以通过 R、G、B，即红、绿、蓝三种颜色输出的比例平衡色彩。例如，当光源偏蓝时，相机会减少蓝色的输出，从而使照片的色彩显得自然。

1500K：烛光
2750K：灯泡
3200K：卤素灯
3500K：黄昏前的夕阳
大约4000K：荧光灯（冷白）
大约5000K：清晨和黄昏时的太阳
5500K：上午和下午的太阳
5800K：正午太阳
6000K：闪光拍摄
7000K：有云彩的天空
8000K：雾，强烈的蒸汽
9000K～12000K：在阴影中的蓝色天空（黄昏时蓝色时光）
15000K～25000K：北方的天窗

▶ 各种拍摄环境对应的色温

4.2　根据不同场景选择白平衡

每次拍摄前，都需要根据拍摄场景对白平衡进行设定。设定时，采用下面几个技巧可以获得较好的效果。

首先，白平衡的选择和拍摄环境的色温息息相关。比如，使用色温为2750K的白炽灯作为主要光源拍摄时，应该使用相机中的白炽灯白平衡拍摄。这时，相机会将白炽灯照射下的景物按照正常的色彩进行还原。

其次，选择自动白平衡拍摄。数码相机的自动白平衡拥有很高的精度，可以在大多数场景获得准确的色彩还原。

最后，在光线复杂的拍摄场景下拍摄时，可以使用自定义白平衡的方法获得准确的色彩还原。

▲ 尼康相机的白平衡设置菜单　▲ 佳能相机的白平衡设置菜单

◎ 50mm　✳ f/2.8　⎙ 1/100s　ISO 400

▲ 在室内白炽灯作为主要光源时，使用白炽灯白平衡进行拍摄，照片的色彩得到了准确还原

◎ 35mm　✳ f/4　⎙ 1/400s　ISO 100

◀ 在晴天拍摄时，利用晴天白平衡拍摄的照片获得了准确的色彩还原

4.3 手动设置更准确的白平衡数值

除了根据具体的拍摄环境选择相应的白平衡外，还可以通过数码相机中的K值菜单，直接设定白平衡数值。使用时，应该注意下面几点。

（1）知道光源色温的准确数值。例如，使用闪光灯作为主要光源拍摄人像、静物时，如果知道光源的准确色温值，可以使用K值拍摄；利用测量色温的工具测量出拍摄环境准确的色温后，利用K值拍摄可以获得非常准确的色彩还原。

（2）多尝试不同的数值。如果不知道拍摄环境准确的色温值，只是根据拍摄经验了解大概的数值，则通过多次尝试，也可以获得准确的色彩还原。

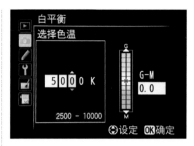

▲ 尼康相机的K值菜单

▲ 佳能相机的K值菜单

◀ 测量色温的色温表

[◎] 40mm [✳] f/11 [〰] 1/200s [ISO] 100

▼ 在正午拍摄风景时，将K值设置为6500K，照片的色彩得到了很好的还原

4.4　自定义白平衡

如果对照片的色彩要求极为严格，可以使用相机的自定义白平衡模式拍摄（这在尼康相机中叫"PRE手动预设"白平衡）。使用方法如下。

（1）准备一张灰卡，并将灰卡放置在拍摄环境的光线下。

（2）将相机设置为手动对焦，通过取景器观察，让灰卡充满画面，并且拍摄照片。

（3）在菜单中选择自定义白平衡菜单，将刚才拍摄的灰卡照片作为白平衡依据。

需要注意的是，因为需要让灰卡充满画面，所以应该在距离灰卡很近的地方拍摄。而此时使用自动对焦很容易导致无法合焦而无法拍摄照片，所以需要将对焦模式设置为手动对焦。拍摄灰卡照片自定义白平衡时，相机吸取的是灰卡的色彩信息，即使照片的曝光出现细微的问题或者照片出现跑焦的问题，也不会对自定义白平衡的结果造成影响。

◀ 佳能相机的自定义白平衡菜单

◀ 尼康相机的PRE手动预设白平衡菜单

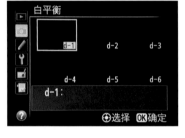

◀ 在菜单中选择刚刚拍摄的灰卡照片并选择"确定"，即完成了自定义白平衡

◀ 灰卡

🎦 100mm　✹ f/16　〰 1/200s　ISO 1600

▼ 使用自定义白平衡模式拍摄的照片获得了非常准确的色彩还原

4.5 使用RAW格式存储，后期调整白平衡

除了在拍摄前，在数码单反相机中对白平衡进行精细的设置外，还可以以RAW格式拍摄，在后期处理的时候对照片的色彩进行无损修复。方法如下。

（1）在相机中将照片的存储格式设置为RAW。RAW格式文件可以无损地保存拍摄信息。

（2）在后期处理软件中打开RAW格式文件，并对白平衡进行调整。

▲ 白炽灯白平衡效果

▲ 闪光灯白平衡效果

▲ 荧光灯白平衡效果

▲ 阴影白平衡效果

▲ 尼康相机的RAW格式菜单

▲ 佳能相机的RAW格式菜单

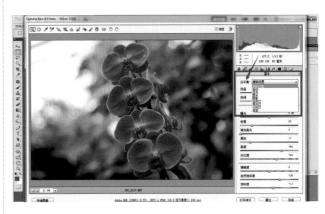

▲ 首先，在Photoshop中打开RAW格式文件；然后，在右边的白平衡下拉菜单中选择需要的白平衡选项

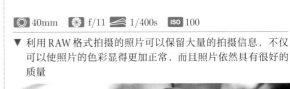

▼ 利用RAW格式拍摄的照片可以保留大量的拍摄信息，不仅可以使照片的色彩显得更加正常，而且照片依然具有很好的质量

5

第 5 课
抓拍最完美的瞬间

　　初学者常常会遇到这样的情景，明明想抓取的是孩子开心的笑脸，却得到一个孩子眼睛闭着或者是表情不太好的瞬间。这既不是曝光问题，也不是色彩还原的问题，而是有关能否准确抓取某一瞬间的问题。优秀的摄影师能够发现并准确捕捉一个精彩瞬间。

　　在数码相机中，有一个功能是专门针对准确捕获某一瞬间这个问题的，那就是驱动模式。本课中，我们将介绍抓拍最完美的瞬间时，应该如何对数码单反相机的驱动模式进行设置，以便更好、更准确地拍摄。

5.1　抓拍最完美瞬间需要设置什么

在摄影中，抓拍是经常会用到的拍摄技巧，与其他拍摄方式所表现出的画面效果相比，抓拍的画面会更加自然、生动，也更具表现力。

抓拍的对象可以是人物，可以是动物，也可以是生活中的一些其他事物，但这些拍摄对象都不是静止的，所以要注意相机中的一些拍摄功能的设置。

在抓拍时要根据拍摄对象的运动程度来设置一个较高的快门速度，让抓拍画面得以更加清晰地呈现。在相机的对焦点和对焦区域搭配选择方面，可以根据需要将对焦点设置为连续对焦，根据拍摄对象选择相应的对焦区域。而且，现在的数码单反相机也提供了多种驱动模式，比如单拍、高速连拍、静音连拍等，这也大大提高了抓拍的成功率。

◎ 180mm　✳ f/8　〰 1/1800s　ISO 200

▼ 为了能够清晰准确地抓拍到天鹅起飞的瞬间，可以将相机的驱动模式设置为高速连拍模式，这样便可以使拍摄的成功率大大提高

5.2　选择合适的驱动模式

随着科学技术的不断发展，现在的数码单反相机可以提供不同的驱动模式——单拍、低速连拍、高速连拍、静音单拍、静音连拍、2秒自拍/遥控、10秒自拍/遥控。在拍摄时，选择不同的拍摄模式可以满足不同条件下的拍摄需求。

5.2.1　单拍

在数码单反相机的驱动模式中，单拍模式是最普通也是最常用的拍摄模式。无论是尼康还是佳能或是其他品牌的数码单反相机，单拍模式都是最基本也是最传统的拍摄模式。在按下快门按钮后相机会拍摄一张照片，这种拍摄模式几乎可以在任何场景中使用，一般多用于拍摄风光、花卉、景物等，不过在适当的条件下也可以用于生活中的抓拍。

▲ ①在使用尼康相机中的单拍模式时，一般要先按下释放模式拨盘锁定解除按钮

▲ ②然后转动驱动模式转盘，将单拍模式转到白色标示位置

在使用单拍模式抓拍时，需要注意拍摄对象的活动状态是否适合单拍模式。如果拍摄对象是高速运动的物体，使用单拍模式拍摄可能造成画面中主体模糊或者是构图不够理想，抓拍的效果不够让人满意。一般在拍摄对象暂时静止或者动作范围较小的时候可以使用这种模式，比如拍摄对象为一只刚刚落在枝头休息的鸟儿或者坐在椅子上安静休息的人物等。

▲ ①在使用佳能相机中的单拍模式时，可以先按下机身上的DRIVE按钮

▲ ②在液晶屏显示的驱动模式菜单中，选择单拍模式

5.2.2　低速连拍

低速连拍模式是数码单反相机中连拍模式的一种。在低速连拍模式下，只要按住相机的快门释放按钮，相机便可以以每秒1~4张甚至是1~5张的速度进行连续拍摄，松开快门释放按钮则停止拍摄。

拥有低速连拍模式的数码单反相机，其作用不光是体现在拍摄对象的选择上。相较于相机中的高速连拍模式，在使用低速连拍可以满足拍摄要求时，能够避免使用高速连拍占据大量内存空间的问题。

在实际应用时，低速连拍模式比较适合抓拍一些移动速度不是特别快的拍摄对象，比如儿童、运动员或者动物等。

📷 180mm　✳ f/4　〰 1/800s　ISO 100

▲ 在拍摄刚刚落在枝头休息的鸟儿时，由于鸟儿是暂时不动的，所以使用相机的单拍模式即可满足拍摄

▲ ①在使用有低速连拍模式的尼康相机时，一般要先按下释放模式拨盘锁定解除按钮

▲ ②然后转动驱动模式转盘，将低速连拍模式转到白色标示位置

▲ 在拍摄人物跳跃飞翔的感觉时，为了能够抓拍到动作最完美的瞬间，可以将驱动模式设置为低速连拍进行拍摄

5.2.3 高速连拍

数码单反相机中的高速连拍模式，是指在按住相机的快门释放按钮后，相机可连续拍摄5张甚至更多数量的照片，松开快门释放按钮则停止连续拍摄。

高速连拍模式搭配相机中的自动对焦等相关功能设置，在抓拍一些以较高速度运动的物体时，可以很清晰地抓拍到精彩的瞬间。由于按住快门按钮后相机可以高速地连续拍摄，所以拍摄的成功率也是非常高的。

在实际拍摄时，高速连拍常用于拍摄一些运动题材的照片，比如飞翔的鸟类、奔跑的动物或者突发事件等。

▲ ①在使用佳能相机进行低速连拍时，可以先按下机身上的DRIVE按钮

▲ ②在液晶屏显示的驱动模式菜单中，选择低速连拍模式

▲ ①在使用拥有高速连拍模式的尼康相机时，要先按下释放模式拨盘锁定解除按钮

▲ ②然后转动驱动模式转盘，将高速连拍模式转到白色标示位置

▲ ①在使用佳能相机进行高速连拍时，先按下机身上的DRIVE按钮

▲ ②在液晶屏显示的驱动模式菜单中，选择高速连拍模式

▼ 在拍摄奔跑的花豹时，由于花豹奔跑的速度非常快，所以将相机设置为高速连拍模式进行拍摄，可以确保拍摄到精彩的瞬间

5.2.4　静音单拍

数码单反相机中的静音单拍模式，是指在按下快门释放按钮后相机只会拍摄一张照片，而在快门释放的同时不会产生相机原有的咔嚓声。利用这种静音单拍的方式可以避免快门释放时产生的声音干扰到拍摄环境中的事物。

在拍摄一些害怕被打扰的昆虫或者是刚刚入睡的婴儿等题材时，静音单拍模式都是非常不错的选择。

比如想抓拍刚刚落在花瓣上的蝴蝶，相机快门释放时的声音很可能会惊怕到它，导致蝴蝶出于动物的本能而飞走。这时，选择静音单拍模式可以避免快门释放的声音影响到它，从而抓拍到想要的效果。

▲ ①在使用拥有静音单拍模式的尼康相机时，要先按下释放模式拨盘锁定解除按钮　▲ ②然后转动驱动模式转盘，将静音单拍模式转到白色标示位置

▲ ①在使用拥有静音单拍模式的佳能相机时，可以先按下机身上的DRIVE按钮　▲ ②在液晶屏显示的驱动模式菜单中，选择静音单拍模式

 100mm　　f/5.6　　1/1000s　　ISO 100

▲ 使用静音单拍模式拍摄落在枝头休息的蝴蝶，可以在不影响它的情况下记录下美丽的瞬间

5.2.5　静音连拍

数码单反相机中的静音连拍模式，是指在按下相机的快门释放按钮后相机会连续拍摄多张照片，松开相机快门释放按钮则停止拍摄，同时不会产生相机原有的咔嚓声。同静音单拍一样，这种快门释放模式也是为了避免相机的快门释放声打扰到拍摄环境中的事物。

在实际拍摄中，静音连拍模式比较适合拍摄一些需要保持安静拍摄的运动主体。比如想要拍摄孩子玩耍时的自然状态，使用有快门声音的快门模式很可能会打扰到孩子，容易使孩子心理有了戒备而导致抓拍不到想要的自然效果。

▲ ①在使用拥有静音连拍模式的尼康相机时，要先按下释放模式拨盘锁定解除按钮　▲ ②然后转动驱动模式转盘，将静音连拍模式转到白色标示位置

▲ ①在使用拥有静音连拍模式的佳能相机时，可以先按下机身上的DRIVE按钮　▲ ②在液晶屏显示的驱动模式菜单中，选择静音连拍模式

5.2.6 2秒自拍/遥控

　　现在的数码单反相机中都会提供自拍功能。在自拍模式下按下快门释放按钮，相机会根据设置的快门拍摄时间延迟拍摄，一般相机会有2秒自拍/遥控和10秒自拍/遥控两种设置，有些相机还提供5秒、20秒等拍摄时间的延迟。

　　但这些设置不一定都是用在自拍上。比如2秒自拍/遥控模式，多用在微距摄影、夜景摄影等需要最大限度保证相机稳定的时候，这样可以避免因为手按快门按钮导致相机产生轻微的摇晃，而造成照片的模糊。

◎ 200mm　✳ f/5.6　〰 1/800s　ISO 100

▲ 孩子对任何事物都充满好奇，为了避免快门声音影响到孩子，可以使用静音连拍来抓取孩子最自然的玩耍瞬间

◎ 100mm　✳ f/9　〰 1/6s　ISO 320

▼ 在拍摄微距花卉时，使用2秒自拍模式可以很好地避免手按相机快门时造成的摇晃，从而得到清晰的画面

▲ ① 使用尼康相机进行2秒自拍时，按住释放模式拨盘锁定解除按钮，将自拍模式转到白色标识处

▲ ② 在相机菜单的自拍设置中，选择自拍延迟2秒，相机快门即可延迟2秒释放

▲ ① 在使用佳能相机进行2秒自拍时，可以先按下机身上的DRIVE按钮

▲ ② 在液晶屏显示的驱动模式菜单中，选择"自拍：2秒/遥控"模式

5.2.7　10秒自拍/遥控

　　数码单反相机中的10秒自拍模式，是指按下快门释放按钮后，快门会延迟10秒拍摄，给画面充足的调整时间。

　　一般是在没有人帮助拍摄时，设置此模式来进行自拍。在游玩、聚会等想要一起拍照合影时，设置此模式便可以让家人与朋友一起出现在画面中，留下美好的瞬间。

 55mm　f/8　1/600s　ISO 100

▶ 在与家人一起游玩时，使用相机的10秒自拍模式，可以将全家人的幸福瞬间一起记录下来

▲ ① 使用尼康相机进行10秒自拍时，按住释放模式拨盘锁定解除按钮，将自拍模式转到白色标识处

▲ ② 在相机菜单的自拍设置中，选择自拍延迟10秒，相机快门即可延迟10秒释放

▲ ① 在使用佳能相机进行10秒自拍时，可以先按下机身上的DRIVE按钮

▲ ② 在液晶屏显示的驱动模式菜单中，选择"自拍：10秒/遥控"模式

6

吴晓东 摄

第 6 课
什么是好照片

　　什么是好照片？这一直以来就是个见仁见智并且颇具争议的问题，很难有一个统一的标准。不同的人有不同的审美标准和喜好，对好照片的解读也会有不一样的答案。但一张被大多数人公认的好照片，往往也会具有一些共同的特性。

　　本课将从几个不同的方面，来总结好照片具备的一些共同点。

6.1 好照片要有主题

　　好照片的主题，是指拍摄者借助照片内容与表现形式等手法向观众传达的某种思想、某个事件或者某类情绪和情感。如同一篇文章的主题思想一样，照片只有具有了自己的主题以后，才会得到升华。主题又像是为照片注入的灵魂，增添照片灵性，这样的照片才会触碰心灵，受人喜爱。

　　主题如此关键，那么拍摄时，怎样才能拍摄出有主题的照片呢？

　　一般而言，拍摄者在拍摄照片时，不会是没有缘由便要取景拍摄。或者是被眼前的景色所触动，或者是看到有趣的事情，因此，拍摄者才会拿起相机拍摄这些瞬间。也就是说，拍摄者在按下快门按钮之前，头脑中便有了想法，拍摄只不过是将自己看到的、想到的定格下来，用照片记录刚才心中的那一份触动。

　　照片在这些时候便已经有了属于它们的主题，接下来，需要做的便是如何将这主题清晰、独到地表现出来。这一步，也是极其考验拍摄者拍摄水平的。

　　在实际拍摄时，需要凝练照片主题，寻找特点鲜明的事物作为拍摄对象，并且巧妙运用合适的构图方法、恰到好处的色彩渲染方式等，从而使照片主题清晰、独特。例如，在拍摄人文纪实时，可以使用黑白色调，增加照片的纪实色彩；拍摄大场景风光时，运用绚丽饱满的色彩，可以增加照片的包容力，给观众更为震撼的感觉。

◎ 50mm　❄ f/2.6　🔲 1/1250s　ISO 100

▲ 水池边上的几双拖鞋，看似不起眼，但拍摄下来，画面给人主题很清晰明确的感觉：温馨快乐的一家三口尽情享受戏水的乐趣

◎ 100mm　❄ f/2.8　🔲 1/60s　ISO 3200

◀ 爸爸妈妈在放孔明灯，小朋友拿着手机在拍照，画面温馨和谐，又诙谐有趣

关于照片主体，算是老生常谈了。无论是摄影之中常常提到的拍摄题材，还是摄影先辈总结下来的构图与色彩经验，无一不是在主体的基础上延伸出来的。

因此，拍摄须有主体，无论是实实在在的人，还是虚无缥缈的雾气，抑或是简简单单的几根线条，都可以作为一张照片的主体。

然而，对于一张好照片来说，需要照片中的画面简洁，主体突出。

所以，在拍摄时，切记不要让主体之外的陪体影响主体的表现。接下来简单介绍3种突出主体的常用方法。

1. 主体不宜过多，有且只能有一个

照片没有主体当然不太可取，但主体过多也无法使主题得到很好的表达。当必须要表现多个画面重点时，为避免影响主题表达，一定要做到主次有序。

2. 将主体放置在最显眼的位置

就主体的位置来说，最好将主体放在显眼的位置，并且要尽量排除和压缩对主体产生干扰的其他景物。

3. 通过各种对比突出主体

实际拍摄时，可以根据现场拍摄环境，巧妙运用明暗对比、色彩对比、大小对比、虚实对比、动静对比等各种对比来突出主体。

▲ 这是初学者经常会犯的错误：拍摄的时候贪多，总想将众多元素全部收入画面，最终导致作品中主体较多，画面杂乱，主体不明确

📷 100mm　✦ f/2.8　〰 1/3200s　ISO 100

▼ 调整拍摄方案：只选择一朵花重点表现，用大光圈将杂乱的背景虚化成纯色的色块，主体得到完美突出

6.3 好照片要有独特的视角

　　相信大家都会有这样的体验：一张照片摆在你面前，让你都不能相信，这就是在那个你很熟悉的环境中拍摄到的。"一百个人眼里就有一百个哈姆雷特"，摄影也是如此。即使是在同一位置拍摄同一场景中的景物，不同的人也会拍摄出不一样的作品来，这就是一个视角的问题。

　　通常，人眼在观察事物的时候，是采用平视的视角。如果同样采用平视的角度去拍摄，往往会得到与人们肉眼观看类似的画面，这样拍摄出来的作品往往会比较平淡，缺乏视觉上的冲击力。对摄影初学者而言，更多时候是采用这种平视的角度拍摄的。

　　如果变换一下拍摄角度，选择一些大多数人不轻易尝试、独特一些、新颖一些的视角拍摄，往往会得到令人耳目一新的好照片。

　　所以，在拍摄照片的时候，不妨多变换几个角度拍摄，最终可以选择视角比较独特的作品进行保留。

◎ 20mm　✳ f/5.6　◢ 1/600s　ISO 400

◀ 借助广角镜头，仰视拍摄宠物猫迈步前进的场景，照片之中的小猫，犹如山林王者，威风凛凛

◎ 10mm　✳ f/5.6　◢ 1/1000s　ISO 100

▼ 低角度仰视拍摄腾空瞬间的自行车表演，画面效果更加独特、震撼

6.4 好照片要能让人产生共鸣

好的照片，不是硬邦邦、冷冰冰的，而是可以让观众触动心灵，产生共鸣，它们像是一位睿智的老者诉说动听的故事，又像是美丽脱俗的女子，本身就是一种美好。

一张好的照片，可以与观众产生共鸣，将观众直接引入画面中的场景，勾起观众的浓浓情意，或者是观众的一份回忆，或者是对他们心灵的一次触碰。

说到这里，便有一个问题出现，这就是如何才可以让照片与观众产生共鸣？

简单来说，拍摄一张能够引起观众共鸣的好照片，需要拍摄者有扎实的拍摄功底，并且在拍摄时以真诚的心，将自己的情感毫无保留地注入到所拍摄的照片之中，如此才能拍摄出包含丰富情感的照片。先感动自己，才易引起观众的共鸣。

摄影源于生活，照片之所以会让人产生共鸣，原因也是如此。在拍摄时，选择那些具有浓浓故事性的主体或者事情进行拍摄，无疑也是一种取巧的办法。

另外，需要注意的是，在表现形式的运用上，不必一味求新求奇。过分的求新求奇很容易使观众在观看照片时造成理解上的障碍，不利于引起情感上的共鸣。

因此，在实际拍摄时，应当根据所要拍摄的内容，选择适于表现和强化此拍摄内容的表现形式，以求在创造出一些饶有新意作品的基础上，让观众产生共鸣。

◉ 70mm　❋ f/11　◢ 1/60s　ISO 200

▶ 长城承载着悠悠中国史，山中的迷蒙雾气，犹如为长城披上一缕神秘轻纱，观众在观看这样场景时，思绪袅袅，联想空间更加广阔

◉ 100mm　❋ f/5.6　◢ 1/60s　ISO 400

▼ 若想勾起观众对春节的回忆，一串灯笼无疑是最佳的拍摄对象

7

第7课
构图——瞬间提升照片美感

　　在摄影创作中，构图是影响照片好坏至关重要的因素之一。摄影师可以通过构图来传达想要表现的画面主题，并使画面达到想要表现的视觉效果。人们通过多年的拍摄积累，总结出了非常丰富的构图专业知识，学会运用构图是拍摄出好照片的基础。

　　本课将介绍多种构图知识，通过学习这些构图知识，读者可以拍摄出更多好的照片，还可使拍摄出的照片更加专业。

7.1 什么是构图

在摄影创作中，影响一张照片的好坏有很多因素，其中构图就是不可缺少的因素之一。如果将拍摄照片比作是在建造房子，那么照片中的构图就相当于房屋的骨架，有着举足轻重的作用。

构图这个名词是一个美术术语，摄影构图最早是从美术绘画的构图形式中转化而来的。

对于一张好的照片，当观众看到画面的第一眼，就知道画面要表现的主体和要表达的内容是什么。这种画面效果与所运用到的构图知识是分不开的。

通俗来讲，在使用照相机对画面进行拍摄时，就是将拍摄者看到的真实世界记录在照片中的过程。而构图就是在这过程中，通过对画面中的景物进行合理的组织布局，使摄影师想要表达的内容与画面整体间形成一种结构形式，让画面中的主体突出、主题鲜明，并具有与普通照片不同的艺术感染力。

摄影构图经过长期的实践经验已经形成了非常丰富的理论知识，包括最基础的构图法则，以及光影、色调的应用等。总之，想要创作出优秀的摄影作品，掌握构图是至关重要的。

◎ 35mm　✳ f/8　〰 1/800s　ISO 200

▶ 对树林中的树木进行构图拍摄，可以利用树木有序的排列而形成的汇聚效果来构建画面，以此增强画面的空间感与纵深感

◎ 16mm　✳ f/8　〰 1/800s　ISO 200

▼ 利用俯视角度与画面中的线条元素来对长城进行构图拍摄，使长城的姿态可以完美地呈现在画面中

7.2 构图的作用

在拍摄照片的时候，运用构图知识进行拍摄，可以使照片更加专业。那么，构图会在画面中起到什么作用呢？下面将对此进行详细介绍。

7.2.1 突出主体

突出画面主体，是摄影构图最重要的目的之一。因为照片中的主体部分，往往起到表达画面主题与内容的作用。

如果拍摄一张照片，而照片中的主体不能够得到突出体现，这样就会使看到照片的人产生模糊不清的感觉，不知道照片所要表达的内容是什么，造成照片主次不分、平淡无奇，缺乏吸引力。

在摄影构图中，有很多使画面主体突出的方法。比如，将主体放置在画面的黄金分割点位置，或是利用画面中的一些线条元素来引导出主体，也可以利用画面中景物的大小、色彩等不同的关系进行对比，来达到突出主体的效果。

📷 180mm ✳ f/5.6 〰 1/800s ISO 400

▲ 为了使主体能够在复杂的场景中得到突出，可以将主体安排在画面的黄金分割点位置，当观众看到画面后，首先会被处在这个位置的事物所吸引

7.2.2 舍弃杂乱

摄影是一门减法的艺术，在拍摄照片时，杂乱的画面会影响主体的突出，使画面缺少吸引力。所以，简洁的画面构成形式是构图的基本原则。

当拍摄环境过于杂乱时，可以根据现场的环境条件，运用不同的构图知识来舍弃画面中的这些杂乱元素。

比如，可以在拍摄时减少拍摄对象的数量，或是利用相机的大光圈来虚化掉除主体之外的景物，也可以采取不同的拍摄角度来避开杂乱的画面。

📷 28mm ✳ f/11 〰 1/640s ISO 100

▼ 在拍摄名胜古迹的时候，经常会因为这些地方有很多游客而使得画面过于杂乱。此时，尝试利用仰视角度来对主体进行拍摄，可以避开杂乱的人群，使画面简洁而主体突出

7.2.3 优化背景

在一张照片中，背景是处在画面结构中最远的景物，一般是起到突出照片中的主体、强调拍摄环境的作用。

在拍摄照片时，可以利用不同的构图知识，使画面中的背景得以优化，以此增加画面美感，烘托出画面的意境。

一般情况下，可以直接选择一些纯色的景物作为背景，结合主体进行拍摄，这样会使画面更加整洁。而在比较杂乱的背景下拍摄时，可以将主体安排在画面的黄金分割点附近，然后用大光圈来虚化掉背景，从而在突出主体的同时达到优化背景的效果。

◎ 180mm ✹ f/2.8 〰 1/600s ISO 100

▲ 在拍摄蝴蝶时，可以使用大光圈将背景虚化掉，以达到突出主体并使背景得到优化的效果

7.2.4 提升视觉冲击力

在拍摄一些大场面或者是想要表现画面空间立体感的照片时，可以根据不同的环境结合一些构图知识，以此来增强画面的视觉冲击力，使画面空间立体感更加突出。

在拍摄照片时，可以利用对主体不同的拍摄角度进行构图拍摄，比如仰拍、俯拍等，也可以利用画面内的一些线条元素或者是前景、中景等景别的搭配进行拍摄，这些都可以起到增强画面视觉冲击力的作用。

◎ 30mm ✹ f/11 〰 1/800s ISO 100

▲ 在此张照片中，利用岩石作为前景，配合后边的景物，增加了画面的空间感和视觉冲击力

7.2.5 增强画面美感

在拍摄照片时，对画面中的景物进行合理的构图安排，可以让不同的景物之间不失协调、和谐统一，使拍摄出的照片更具美感。

摄影本身是一种美的创作，是记录以摄影师的角度看到的画面瞬间，利用构图技巧来增强画面美感，可以使记录下的场景比现实中更加美丽。

当然，这些构图技巧是因拍摄环境而定的，可以利用黄金分割法、景物之间的对比关系，以及画面中的一些线条元素等来提升画面的美感。

◎ 16mm ✹ f/8 〰 1/400s ISO 200

▲ 在此张照片中，利用岸边弯曲的线条，不仅可以增加画面的美感，还可以起到引导观众视线的作用

7.3 摄影构图基本法则

在取景构图时，有很多实用的基本构图方式可以满足不同场景下的拍摄。

7.3.1 井字形构图

所谓井字形构图，就是指在构建画面的时候，以虚拟的4条直线将画面横竖平均分成9份，使画面中的直线形成一个"井"字，将拍摄对象安排在井字形的交叉点位置来完成构图。因为取景画面被平均分成9份，这种构图方式也可以称为九宫格构图。

井字形构图是常见的构图方法，也是最基础的构图方式，这种构图也可以说是黄金分割法的一种。

井字形的交叉点是画面中最吸引人视觉的位置，所以将主体放在这些交叉点上，便可以使主体在画面中得到突出呈现，同时使整个画面呈现出变化动感的效果。

在实际应用井字形构图拍摄时，需要注意的是对于井字形的4个交叉点的选择。不同的交叉点位置会带给画面不同的视觉效果，这需要根据现场的拍摄环境与主体之间的关系因地制宜地进行安排。

当拍摄对象是比较小的物体时，可以将其放置在井字形交叉点上得以突出；而当拍摄对象是比较大的物体甚至占满整幅画面时，如果想要突出主体的局部，也可以使用井字形构图，将这一局部放置在井字形交叉点上，以此在画面中得到突出。

◎180mm ✦f/2.8 ⊿1/800s ISO100

▲ 在这张照片中，利用井字形构图的方法，将宠物狗安排在井字形的交叉点上，并结合大光圈虚化背景，使得狗狗在画面中非常突出

▲ 井字形构图示意图

◎200mm ✦f/4 ⊿1/500s ISO100

▲ 在拍摄荷花时，如果想让荷花占满整个画面，可以将想要表现的荷花的局部细节安排在井字形交叉点位置

◎50mm ✦f/4 ⊿1/600s ISO100

▲ 在拍摄人物时，人物的眼神是最重要的，所以在构图时可以将人物的头部和眼睛部分安排在井字形的交叉点上，从而使人物的面部表情和眼神在画面中得到突出体现

7.3.2 三分法构图

所谓的三分法构图，就是指将拍摄对象安排在画面三分线位置来进行拍摄的方法。将画面的横向或纵向平均分成3份，会使画面产生2条横向或纵向的等分线，将这2条等分线称为三分线，利用这些等分线来构建画面的方式就是三分法构图。

三分法构图往往会给画面带来和谐、优美、生动等画面效果，拍摄不同的主体时可使用不同的三分线形式。

一般情况下，在拍摄风光题材的照片时，横向的三分法构图比较常用，而这种三分法还可以分为上三分与下三分。

比如在拍摄由蓝天与草原构成的画面时，如果草原的景物比较丰富，可以将草原与天空的交界处放在上三分线的位置，让草原在画面中占多一部分；而如果是草原的景物比较平淡，而蓝天比较吸引人时，可以采用下三分的方式，让草原与蓝天的交界处位于下三分线的位置，使蓝天在画面中占多的一部分。这样既可以使画面达到和谐的效果，也可以使画面中精彩的部分得到完美的体现。

另外，在拍摄人像、动物或是花卉等题材时，可以使用竖向的三分法构图。这样除了可以突出主体，还可以使画面更加活泼、生动。

◀ 三分法构图示意图

◎ 16mm　✳ f/5.6　〰 1/400s　ISO 100

▲ 在利用三分法拍摄花丛时，由于地平线下方的画面内容比较吸引人，所以使用上三分的方式让花丛占画面多一半，使画面更有吸引力

◎ 20mm　✳ f/11　〰 1/120s　ISO 400

▲ 在拍摄风光题材的照片时，结合地平线的位置使用三分法构图形式拍摄，可以给画面带来和谐、优美之感

◎ 16mm　✳ f/11　〰 1/640s　ISO 100

▼ 在此张照片中，由于地平线上方的天空和云彩比较吸引人，所以结合天空下面的山脉与草地，利用下三分构图的方式进行拍摄，使画面给人一种舒适敞亮的感觉

7.3.3 对角线构图

对角线构图就是指利用拍摄对象存在的对角线关系来进行构图拍摄的一种方式。

这种对角线关系可以是景物本身就具有对角线的形态，或者是将一些倾斜或横平竖直的景物，利用倾斜相机的方式将它们以对角线的方式表现在画面中。

当利用画面中的对角线元素进行构图拍摄时，不但可以使拍摄对象在画面中得以突出，而且利用对角关系还可以增加画面的纵深效果和透视效果，让画面更具动感与生机。

其实，对角线的元素在平时生活中是普遍存在的，这需要拍摄者善于发现与创造。除具有比较明显的线条元素的景物外，还可以利用人类视觉感应上的斜线，比如影调或光影等产生的线条元素，都可以作为拍摄对角线构图的元素。

另外需要注意的是，在拍摄对角线构图的画面时应该尽量避开杂乱的背景，以保证对角线在画面中更加鲜明，从而使画面简洁而主体更加突出。

📷 16mm 🔆 f/8 〰 1/250s ISO 400

▲ 利用高架桥的线条元素进行对角线构图，拍摄出的画面中纵深效果和透视效果表现得非常强烈

📷 85mm 🔆 f/5.6 〰 1/640s ISO 100

▲ 利用孩子的身体形态所形成的对角线元素进行构图，使孩子在画面中显得更为活泼可爱

▲ 对角线构图示意图

📷 120mm 🔆 f/8 〰 1/600s ISO 100

▲ 利用水中的3只天鹅组成的形态对角线进行构图，得到的画面给人一种和谐、生动的感觉

7.3.4 S形曲线构图

S形曲线构图，就是指利用画面中具有类似S形曲线元素的景物来构建画面的构图方法。

S形曲线可以说是线条元素中最具美感的，利用S形曲线构图拍摄，可以将拍摄对象的形态充分地表现在画面中。

在人们日常的生活中，S形曲线元素其实是普遍存在的，但有时并不会很明显地出现在画面中，这需要善于发现。而对于画面中S形曲线元素的要求，并不是需要一个标准完整的S形，像一些带有不规则线条的事物，即使线条的弧度并不是很明显，也可以利用它进行S形曲线构图。

在使用S形曲线进行构图拍摄时，选择有远景近景等空间效果的场景最为适合，S形在画面中具有延长变化的作用，可以将画面中毫无关联的事物通过S形曲线连接起来，形成一个统一和谐的整体画面。比如崎岖的盘山公路，远景的山峦和近景的树木通过公路产生联系，形成一幅优美的画面。

S形曲线构图多用在风光摄影中，而利用S形曲线拍摄美女人像，可以很好地展现出女性身材特有的曲线魅力。

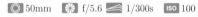

▶ 利用S形曲线构图来拍摄女性模特时，可以很好地呈现女性特有的曲线魅力，使其在画面中显露出优雅的气质

▲ S形曲线构图示意图

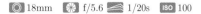

▲ 在此张照片中，仅拍摄枯黄的草地会使画面显得毫无生机，而利用河流形成的S形曲线进行构图则可以增加画面的美感

▶ 利用长时间曝光的方式拍摄夜晚的车流，结合车流形成的S形轨迹进行构图，可以增强画面的空间纵深感，使画面更有吸引力

7.3.5 L形构图

所谓L形构图，就是指利用画面中具有类似L形元素的拍摄对象进行构图拍摄的方法。

由于这种"L"形的形态本身具有一定的垂直关系，因此也会像垂直线一样给人带来稳定、安静、挺拔的感觉。另外，L形构图也会给画面带来一定的视觉延伸感。

在平时生活中，具有L形元素的景物也是很常见的，比如风光摄影中的树木、公路、帆船等。但在有些拍摄环境下，L形元素并不是很清晰地出现在拍摄环境中，还需要摄影师在拍摄环境中善于发现。

L形构图经常会用在拍摄人物题材上，一般会利用人物坐姿所形成的L形元素进行L形构图拍摄，以此使拍摄的画面具有稳重、平静、自然等特点。

在拍摄时需要了解的是，利用L形构图进行取景拍摄时，可以选择那些自身就具有L形态的主体进行构图拍摄，也可以通过利用画面中的L形线条或色块，围绕住想要强调突出的主体来完成L形构图拍摄。

◎ 50mm　❋ f/4　▨ 1/600s　ISO 100

▲ 在此张照片中，利用人物坐在树干上形成的L形的坐姿进行L形构图，使人物在画面中给人一种稳重、亲切的感觉

◎ 35mm　❋ f/5.6　▨ 1/600s　ISO 100

▼ L形构图常在拍摄人像题材表现人物坐姿时使用，利用人物坐姿形成的L形元素进行L形构图拍摄，来达到L形构图拍摄的效果

▲ L形构图示意图

7.3.6 垂直线构图

垂直线构图是指在取景拍摄时，利用画面中的垂直线条元素来构建画面的构图方法。

垂直线本身会给人稳定、安静的视觉感受，而将垂直线应用到摄影构图中会使画面呈现出高耸、挺拔、庄严、稳重、硬朗等感觉。

在使用垂直线构图进行拍摄时，想要增加画面的立体感与空间感，可以尝试在画面中选择一些重复的垂直线元素进行构图拍摄。这种重复的垂直线元素会给人们视觉上带来节奏感，有时在垂直元素复合的条件下，还可以拍摄出意想不到的空间立体效果。

但需要注意的是，在利用垂直线元素进行构图拍摄时，一定要保持这些直线在画面中的垂直，因为一条歪斜的线条很可能打破画面的和谐，造成构图不严谨，让画面失去原有的意境。

垂直线元素在平时生活中也是很常见的，比如树木、栏杆、路灯等景物，垂直线构图通常用于拍摄建筑、自然风光等题材。而在拍摄人像时，也可以利用垂直线构图的方法表现出人物的一种坚强姿态。

◀ 垂直线构图示意图

◎ 18mm　✳ f/8　〰 1/400s　ISO 100

◀ 利用垂直线构图的方式拍摄城市中的高楼大厦，画面给人一种庄严、挺拔、高耸的视觉感受

◎ 24mm　✳ f/8　〰 1/320s　ISO 100

◀ 在此张照片中，利用重复的廊柱所形成的垂直线元素进行构图，给画面带来稳定感的同时也增强了空间纵深感

◎ 30mm　✳ f/5.6　〰 1/300s　ISO 100

◀ 利用画面中重复的树干所形成的垂直线元素进行构图，画面给人一种挺拔、硬朗、宁静的感觉

7.3.7 汇聚线构图

汇聚线构图，就是指出现在画面中的一些线条元素，向画面相同的方向汇聚延伸，最终汇聚到画面中的某一位置，利用这种线条的汇聚现象来进行构图的方式就是汇聚线构图。

通常出现在画面中的线条数量在两条以上才可以产生这种汇聚效果，而这些线条会引导观众的视线，沿纵深方向由近到远的汇聚延伸，给观众带来强烈的空间感与纵深感。

在实际拍摄时，对于汇聚线的线条元素的选择可以是清晰的线条，也可以是出现在画面中的一些虚拟线段。当这些汇聚线条汇聚得越聚集时，透视的纵深感也就越强烈。这也会使普通的二维平面的照片，呈现出三维立体空间的效果。所以使用这种构图方式拍摄的画面也极具吸引力和艺术魅力。

汇聚线构图，常会在拍摄一些风光纪实、建筑题材等想要表现较大的汇聚效果和透视效果的照片时使用。也可以将数码单反相机的镜头换成广角镜头进行拍摄，这样画面中的汇聚效果和透视效果会更加明显。

◀ 汇聚线构图示意图

◉ 18mm　✳ f/11　▧ 1/400s　ISO 100

▲ 在此张照片中，利用近大远小的透视效果，结合画面中的汇聚线元素进行构图，使画面的纵深感与空间感更加强烈

◉ 18mm　✳ f/5.6　▧ 1/600s　ISO 100

▶ 利用仰视拍摄的角度，结合树干所形成的汇聚线元素进行构图拍摄，可以增强画面的纵深感，也使拍摄的树林效果加新颖，增加观众的兴趣

◉ 16mm　✳ f/11　▧ 1/200s　ISO 200

▼ 利用广角镜头结合汇聚线构图进行拍摄，可以增强画面的空间感，产生强烈的视觉冲击效果，让画面更吸引人

7.3.8 中心点构图

中心点构图的拍摄手法非常简单，将主体放在画面中心位置进行构图拍摄就是中心点构图。这种构图手法可以有效地强调画面中的主体，使主体在画面中更加突出、明确。

在应用中心点构图进行实际拍摄时，要避免出现在画面中的景物有太多联系，只需要保留位于画面中心的一个兴趣点即可，这样可以使整个画面看起来简洁明了，也有利于展现出拍摄对象的细节特征。

在视觉观感上，画面的中心是最吸引人注意力的位置。使用中心点构图的方式拍摄照片，会给人一种平稳、集中的感觉。

但这不代表所有事物都适用于这种构图方法，要注意选择合适的场景来使用中心点构图拍摄。如果主体占据画面位置很小，而背景又过于杂乱，这种情况下使用中心点构图会很难突出主体，而杂乱的背景也会分散观众的注意力。

另外，有些拍摄环境中的主体过于简单平淡，如果直接使用中心点构图进行拍摄，很可能导致画面过于乏味、单调，缺少吸引力。为了避免这种情况，可以寻找主体与周围环境的对比关系来增加画面的吸引力，比如主体与背景的颜色对比、主体与背景的亮暗对比等。只有这样，才能使画面中的主体得到突出，且画面不失精彩。

◎ 200mm　❀ f/2.8　◢ 1/800s　ISO 100

▲ 将鸟儿安排在画面的中心位置，并利用大光圈将杂乱的背景虚化掉，可以使鸟儿在画面中更加突出，且鸟儿的形态细节也可以完美地在画面中得以呈现

◎ 300mm　❀ f/4　◢ 1/600s　ISO 100

◀ 在拍摄宠物狗时，将狗狗安排在画面的中心位置进行拍摄，可以使狗狗在画面中得以突出，给人一种安静乖巧的感觉

◀ 中心点构图示意图

◎ 50mm　❀ f/2.8　◢ 1/600s　ISO 100

◀ 此张照片中，利用中心点构图的方式拍摄花卉，结合大光圈将背景虚化掉，可以突出主体，使主体的细节特征完美地呈现在画面中

7.3.9 多点构图

多点构图，就是指在拍摄的画面中不只有一个主体出现，而是有很多个相似的主体，或者是有多个一模一样的主体，将这些主体以多点布局的形态安排在画面中就是多点构图。

使用多点构图的方式进行拍摄，由于画面出现了多个相似的主体，可以促使观众看到画面后产生好奇心，使画面更具有吸引力。同时，将这些相似的主体以多点布局的方式安排在画面中，也增加了画面的协调性。

在使用多点构图拍摄时，需要注意的是，出现在画面中的这些相似主体并不是从属关系，而是属于并列对等的关系。而由于拍摄对象都是些相似或者重复的元素，所以尝试变换不同的角度对主体进行拍摄，可以使主体的特征全面地展现在画面中，而产生的视觉效果也会有不同的变化。

另外也要注意，将画面中的点元素安排在合理恰当的位置，可以保证画面的协调。

多点构图在实际拍摄时并没有很大难度，最重要的是需要拍摄者细心敏锐、善于观察和发现。

◀ 多点构图示意图

◎ 50mm   ✵ f/5.6   ≋ 1/500s   ISO 100

▲ 在此张照片中，吃草的牛群看似没有规律，而利用多点构图的方式进行拍摄，得到的画面给人一种生动、和谐的感觉

◎ 50mm   ✵ f/11   ≋ 1/640s   ISO 100

◀ 将画面中的向日葵花以多点构图的方式进行拍摄，可以让人感到画面中的元素丰富但不显杂乱，画面更有趣味性

◎ 160mm   ✵ f/5.6   ≋ 1/1200s   ISO 100

▼ 在抓拍飞鸟时，相似的飞鸟在画面中形成了多点重复的元素，利用多点构图的方式进行拍摄，画面更加生动、吸引人

7.3.10　框架式构图

所谓框架式构图，就是指在拍摄照片时利用主体周边的景物形成一个框架式的边框，并将主体安排在这个边框中。

利用框架式构图拍摄的照片，可以突出框架内的主体，而通常框架元素又是作为照片的前景，这样可以起到增加画面空间感与现场感的作用。

框架式构图中的框架元素在平时生活中并不少见，并且是以多种多样的形式存在的，这需要摄影师有敏锐的观察力并善于发现。

框架元素可以是实体的框架，也可以是虚拟的框架。一般的实体框架多用于增加画面的趣味性与空间感，像一些常见的门窗、树木、山洞等。而虚拟框架则常用于突出主体、增强画面形式感，比如以框架形式出现在画面中的一些虚拟色块、线条等。

在实际应用框架式构图进行拍摄时，如果画面中有一些框架元素，但在形态或位置上并不能满足拍摄需求，这时需要改变拍摄角度和位置，将主体放置在框架元素中进行拍摄。

需要注意的是，在拍摄时应保持主体与框架之间的协调性，框架与主体的大小搭配要合理，不要将框架内的景物拍摄得太小，否则画面会给人很突兀的感觉。

◎ 30mm　✦ f/8　◢ 1/640s　ISO 100

▲ 在拍摄长城时，可以利用长城的瞭望口作为框架式构图的元素来拍摄，使框架内的长城在画面中显得更加突出，还会给人一种神秘的感觉

◎ 18mm　✦ f/11　◢ 1/640s　ISO 100

◀ 在此张照片中，利用树枝与河面形成的倒影进行框架式构图，可以增加画面的空间纵深感

◀ 框架式构图示意图

◎ 50mm　✦ f/4　◢ 1/600s　ISO 100

◀ 在此张照片中，利用汽车门窗形成的框架对人物进行框架式构图拍摄，人物在画面中得到了突出，且增加了画面的趣味

7.3.11 三角形构图

在摄影构图中，三角形可以分为3种形态，即正三角形、斜三角形和倒三角形。

三角形构图就是指利用画面中的若干景物，按照三角形的结构进行构图拍摄，或者是对本身就拥有三角形元素的主体进行构图拍摄。这些三角形元素可以是三角形3种形态中的任何一种。

在摄影构图时，通常可以将三角形的构建方式分为两种：一种是画面中只有一个拍摄对象，而且这个拍摄对象的3个点恰好可以形成一个稳定的三角形，这时便可以利用主体本身拥有的三角形元素进行构图；还有一种情况是画面中有多个拍摄对象，利用不同的拍摄角度或不同的拍摄位置，将这些拍摄对象以三角形的形态构建在画面中，以达到三角形构图的效果。

三角形构图打破了视觉上的平面感，可以使拍摄出的画面更具立体效果。

在平时生活中，具有三角形元素的景物也是很常见的。而在摄影构图时并不要求拍摄对象所形成的三角形必须是标准的三角形形状，它可以是不规则的三角形，也可以是上下颠倒的三角形图形，还可以是斜三角的形态。

在拍摄时，斜三角形是最常见到的三角形元素，正立的三角形比倒立三角形要常见，而倒立的三角形所带来的画面效果与其他两种是截然相反的。

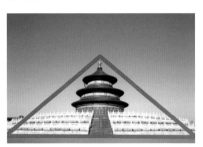

▲ 正三角形构图示意图

◉ 300mm ✳ f/11 ▨ 1/640s ISO 100

▲ 拍摄天坛祈年殿时，可以利用天坛祈年殿形成的虚拟正三角形进行构图拍摄，稳定的正三角形形态给人一种庄重平稳的视觉效果

▲ 斜三角形构图示意图

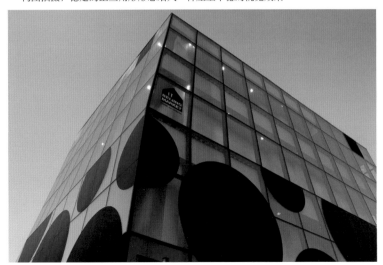

◉ 18mm ✳ f/5 ▨ 1/120s ISO 400

▲ 此张照片中，利用仰拍的形式使拍摄出的建筑呈现出三角形的效果，带来稳定感的同时也增加了画面的空间感与立体感

1. 正三角形构图

正三角形可以说是数学几何中最为稳定的图形之一，利用正三角形构图的方式对画面进行构图拍摄，可以给人带来稳重、均衡的感觉。

在日常生活中，能够让人联想到最多的正三角形就是像埃及金字塔或者巴黎埃菲尔铁塔这类的建筑，而这些三角形建筑也往往给人一种稳重、庄严、坚而不摧的感觉。

2. 斜三角形构图

在自然界中，斜三角形要比正三角形和倒三角形更为常见，利用斜三角形进行构图拍摄可以使画面具有安定、均衡且不失灵活的特点。斜三角形常会出现在有多个主柱构成的三角形画面中。

3. 倒三角形构图

倒三角形构图是三角形构图的一种特殊形态，与正三角形构图带来的稳定、均衡效果截然相反。倒三角形像是一个上大下小的陀螺形状，使用倒三角形构图会打破画面的平衡，往往给人一种极不稳定的视觉感受，与此同时会使画面变得动感而有活力。

◎ 80mm ✳ f/4 ➤ 1/600s ISO 100

▲ 三角形构图也可以用来拍摄人像，此张照片中将人物的形态用斜三角形构图的方式表现出来，人物更显灵活、生动

◎ 16mm ✳ f/5 ➤ 1/400s ISO 100

◀ 利用画面中具有倒三角形元素的冰山进行构图拍摄，可以打破画面的平衡，增强画面的视觉冲击力

▲ 倒三角形构图示意图

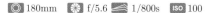

◎ 180mm ✳ f/5.6 ➤ 1/800s ISO 100

◀ 利用水面上的两只天鹅所形成的虚拟斜三角形进行构图拍摄，画面给人安逸和谐又不失灵活的感受

7.3.12 对称构图

对称构图就是利用拍摄对象所具有的对称关系来进行构图的方式。这种构图方式属于比较严谨的构图类型，追求的是画面中的景物对称一致、和谐统一。

在数学几何中，对称图形本身会给人均衡、稳定的感觉，而将这种对称关系应用到摄影构图中时，也会使拍摄出的照片给人一种和谐、均衡、稳定、正式的感觉。

其实在人们平时生活中和自然界中，具有对称性的事物是普遍存在的，有些事物本身就具有对称结构，而有些事物通过水面、玻璃等反射也可以产生对称效果。这些对称效果一般会以上下对称和左右对称的形式出现。

左右对称比较适合用于拍摄一些古代建筑、人文景观、城市建设。一般的建筑物在传统设计上都讲究对称性，利用对称构图拍摄，可以使这些建筑物的结构在画面中展现得更加规整，让画面给人一种庄重、稳定、和谐的视觉效果。

上下对称大多出现在有水面反射的倒影所形成的对称画面，比如岸边的景物与湖面上的倒影形成的对称关系，或者城市建筑与街道上的水洼倒影形成的对称关系等。通过上下对称构图拍摄，往往会使画面给人带来安逸、宁静的感受。

◀ 对称构图示意图

◉ 50mm　✦ f/8　〰 1/500s　ISO 100

◀ 利用画面中的木窗所形成的对称元素进行对称式构图，画面给人均衡、稳定、严谨的感受

◉ 18mm　✦ f/8　〰 1/600s　ISO 100

◀ 在拍摄左右对称的房屋建筑时，取画面的中心进行对称式构图拍摄，可使拍摄出的画面产生稳定、均匀的效果

◉ 39mm　✦ f/4.8　〰 1/400s　ISO 100

◀ 在此张照片中，利用建筑物与水中的倒影进行上下对称的对称式构图，使整幅画面显得和谐、优美、宁静

7.3.13 倒置构图

倒置构图是一种特殊的构图方法。在拍摄一张照片时，人们总是习惯将主体正立地拍摄下来，也就是"头朝上、脚朝下"。而倒置构图就是将主体按照倒立的形态进行构图拍摄，也就是"头朝下、脚朝上"。

在拍摄一张照片时，有时会遇到拍摄出的画面景物总是感觉过于平淡的问题。此时便可以尝试对主体进行倒置构图来进行拍摄，因为人们平时都是正立地观察事物，所以这种倒置的主体会增加人们的识别难度，从而营造出新颖、独特的视觉效果。

这种打破传统的构图拍摄形式，通常会在人像摄影或风光摄影中使用。

在拍摄风光题材时，可以尝试利用水面或镜面的倒影将所映的景物拍摄在画面中，也可以将实物的一部分同它的倒置影像一同构建在画面中，来营造出一种似真似幻的视觉效果。

现在的人物摄影或者模特写真中，常会使用倒置构图的拍摄方式，以使画面更加新颖，使人物在画面中更具吸引力。

⊙ 50mm　✻ f/2.8　▦ 1/600s　ISO 100

▲ 利用倒置构图的方式拍摄儿童，可以使儿童在画面中产生头向下、脚向上的独特观赏视角，画面更加有趣且更具吸引力

⊙ 35mm　✻ f/4　▦ 1/500s　ISO 100

▼ 在拍摄美女写真时，倒置构图也是经常用到的构图方法，会使画面产生十分新颖的视觉效果，给人一种亲切、自然的感觉

7.3.14 开放式构图

传统的构图是讲究照片的均衡与完整性，而开放式构图是一种颠覆传统构图观念的构图方式，它追求的是打破画面中的均衡与完整性。

开放式构图是指将主体或与主体有关的部分构建在画面中，而其余部分切割在画面以外，让画面内的主体部分与画面外的主体部分产生空间联系。

这样构图的目的就是要打破画面的完整性与协调性，使观众的视觉观感从局限的画面内部联想到画面以外的世界，从而达到引导观众突破画面内的空间限制，产生更大想象空间的效果。

同时，在开放式构图中，让人产生联想的外部的景物也增加了画面中想要表达的信息，使画面内容更加丰富饱满。

作为现代的摄影构图技法，以开放式构图拍摄的画面具有浓厚的现代艺术效果。这种构图方法也适合拍摄很多种不同题材的照片，比如花卉、人物、建筑、新闻摄影或人文纪事等。

想要拍摄出让人惊喜的照片，需要大胆灵活地去尝试运用开放式构图，多拍摄一些不同题材的照片来积累经验。

◎ 55mm ✺ f/5 ≋ 1/400s ISO 100

▲ 在此张照片中，利用开放式构图的方式将人物不完整地呈现在画面中，人物和伞没有出现在画面中的部分增加了画面的空间联想

◎ 16mm ✺ f/11 ≋ 1/200s ISO 100

◀ 在此张照片中，摄影师只拍摄了建筑物的局部区域，但这种开放式构图的方式让画面与画面外部产生了一定的空间联系，可以使观众看到画面后产生更大的联想空间

◎ 180mm ✺ f/2.8 ≋ 1/600s ISO 100

◀ 用开放式构图的方式拍摄荷花，将并不完整的荷花呈现在画面里，这种构图会使观众看到画面后产生更大的联想空间，增加了画面的信息量

7.3.15　封闭式构图

封闭式构图是一种传统的构图形式，讲究主体在画面中的独立性、完整性，追求画面内部的和谐统一，是一种非常严谨的构图方式。

使用这种构图方式拍摄的画面，通常会给人一种宁静、优美、和谐、庄重的视觉感受。

封闭式构图与开放式构图在拍摄方式与拍摄效果上是截然相反的。作为最传统的构图方式，封闭式构图是将主体信息作为一个独立的整体呈现在画面中，不让它与外界发生联想关系，把观众的视线集中在画面的主体上。

在平时拍摄时，封闭式构图也是经常用到的构图方式，这种传统的构图方式也比较符合人们常规的审美习惯。在实际应用封闭式构图时，可以先将选好的取景画面看成是一个狭小的封闭空间，摄影师要将想要表现的主体控制在这个空间范围内，以保证主体的完整性以及独立性。

另外，需要注意的是，主体在画面中的位置通常被安排在中心或黄金分割点上，这样做的目的也是使画面产生统一均衡的视觉效果。

封闭式构图适用于拍摄很多不同题材的照片，比如在拍摄一些表现画面和谐、严谨等美感的抒情性风光题材，或者是表达有情绪色彩的人像摄影、一些生活纪事的场景等时都可以使用。

 80mm ✿ f/5 〰 1/200s ISO 100

▲ 利用封闭式构图的方式拍摄画面中的人物，使其不与外界产生空间联系，可以很完整地将人物的动作和表情呈现出来

180mm ✿ f/4 〰 1/400s ISO 100

◀ 使用封闭式构图拍摄狗狗，让狗狗不与外界空间产生联系，可以将狗狗的形体以及表情在画面中集中地表现出来

20mm ✿ f/8 〰 1/500s ISO 100

◀ 在此张照片中，利用封闭式构图的方式将建筑物表现在画面中，给人一种严谨、庄重、稳定的感觉

7.4　构图与视角

对于摄影构图来说，景物的拍摄角度分为平视、俯视和仰视3种。而对于画面内不同景物的结构位置，将它们分为前景、中景、远景。

7.4.1　平视

在日常生活中，平视是人们最常接触的视觉角度，而利用平视角度拍摄的画面也最符合人眼的视觉习惯。

所谓平视拍摄，就是指将相机和拍摄对象保持在同一水平的位置进行构图拍摄。这种拍摄手法可以使画面内的主体不易变形，同时也会使画面产生平和、稳定、均衡的视觉效果。

在选择拍摄一个主体时，可以尝试选择不同的角度去拍摄。平视角度通常是大多数人看到一个景物后最习惯使用的拍摄角度。

在使用平视角度拍摄时，需要注意对画面主体位置的掌控，由于平视角度拍摄的画面元素较多，很容易造成主体不够突出的问题，所以在平视拍摄时，应将主体安排在画面中最引人注目的位置。

🎦 30mm　❄ f/8　〰 1/200s　ISO 200

▲ 利用平视角度拍摄的风光，画面显得平和稳定、亲近自然

🎦 105mm　❄ f/4　〰 1/600s　ISO 200

▼ 利用平视的拍摄角度对人物进行拍摄，人物在画面中表现得清晰自然，平易近人

7.4.2 俯视

俯视是指相机的拍摄位置高于拍摄对象，形成从上到下的拍摄角度。这种拍摄方式可以让更多的元素进入画面，有一种纵观全局的视觉效果。

在采用俯视角度拍摄照片时，相机离拍摄对象的距离越远，所能拍摄到的视角也就越大，画面内的景物元素也就越丰富。而俯视角度通常都是处于较高的位置拍摄，所以拍摄出的画面效果往往会给人带来较强的视觉冲击力。

另外，可以采用广角镜头进行俯视拍摄，因为广角镜头的视角比较大，会进一步增强画面带来的视觉冲击效果。

实际拍摄中，俯视角度比较适合拍摄城市题材、风光题材等表现大场面的场景，这样可以使拍摄的画面内容更加丰富，视野更加辽阔。

📷 30mm ✳ f/6 〰 1/400s ISO 100

▲ 利用俯视的角度拍摄儿童，由于近大远小的关系，孩子看起来头大身小，在增加画面视觉冲击力的同时，也使孩子看起来更加活泼可爱

📷 16mm ✳ f/5 〰 1/120s ISO 200

▲ 在此张照片中，利用广角镜头结合俯视角度拍摄的方式拍摄城市，使画面产生强烈的视觉冲击力与空间立体感

7.4.3 仰视

仰视是指相机的拍摄位置低于拍摄对象，形成从下到上的拍摄角度。

采用仰视角度拍摄的照片，可以使拍摄对象在画面中表现出高大宏伟的形态，也会增强画面的空间立体感和视觉上的冲击力。

另外，对主体进行仰视拍摄，还可以起到舍弃画面中杂乱的背景，使画面简洁，主体得到突出的作用。

通常仰视拍摄的照片，地平线的放置放得都会比较低，因为这样可以得到较大的仰视角度。而这种自下而上的大角度仰拍，会使拍摄对象产生下宽上窄的畸变效果。

仰视角度越大，拍摄对象的变形效果就越夸张，带来的视觉冲击力也就越强；仰视角度越小，拍摄对象的变形效果也就越微弱，视觉冲击力也就越小。如果想要增加这种畸变的视觉效果，还可以使用广角镜头进行拍摄。

📷 16mm ✳ f/8 〰 1/200s ISO 100

▲ 对城市建筑进行仰视拍摄，可以使这些建筑在画面中显出挺拔高大的姿态，还可以使画面更具空间立体感

实际拍摄中能够运用到仰视拍摄的题材也有很多，比如风光、建筑、人像等需要表现主体的高大宏伟时都可以使用。

7.4.4 前景

所谓前景，就是指处在画面结构中最前端位置的景物。前景可以是主体也可以是陪体，这一点可以根据拍摄时的意图而自由发挥。

前景作为画面的重要组成部分，在画面中的作用是不容小视的，它能够决定画面的结构形式。

在拍摄时，只要善于运用前景与其他景物的搭配，合理地对画面进行布局安排，便可以使画面中的整个景物达到和谐统一的效果，并使画面的空间感和纵深感得到突出。

当前景的景物作为主体时，主体的细节往往都会得到充分的体现，而中景与背景则起到陪衬前景的作用。当前景作为陪体被安排在画面中，可以起到丰富画面内容，增强画面空间感，提高作品艺术表现力的作用。

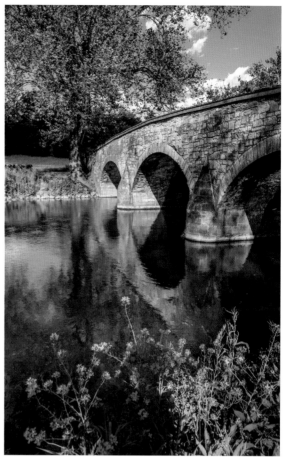

◎ 80mm　✳ f/8　〰 1/400s　ISO 100

► 在此张照片中，处于前景位置的花卉作为陪体，可以增强画面的空间感，也可使画面的内容更加丰富

◎ 16mm　✳ f/11　〰 1/800s　ISO 100

▼ 由于近大远小的原因，利用仰视角度拍摄骑车的孩子，可以拍摄出他们高大挺拔的姿态，同时会给画面带来视觉上的冲击力

需要注意的是，在利用前景进行构图拍摄时，如果是要将前景作为陪体出现在画面中，不要刻意选择一些不恰当的景物作为前景，否则会产生不协调的画面感，甚至是喧宾夺主，让画面主体不能得到突出。

◎ 18mm ✳ f/5 ≋ 1/120s ISO 400

► 在此张照片中，利用岸边的岩石作为前景，配合后边的大海和天空，以此来增加画面的空间感和视觉冲击力，使画面更具吸引力

7.4.5　中景

所谓中景，是指在画面结构中处于中间的景物。中景在构图中的作用也是十分重要的。

中景可以是主体也可以是陪体，但更多时候，常会将画面的主体安排在中景的位置，依靠画面中的前景与背景来衬托中景，使主体在画面中能够得到突出体现，也让画面变得更加生动。

需要注意的是，如果将中景的景物作为主体，一般不要让主体的位置处在画面正中，因为那样会使主体被周围的景物包围，不仅主体不能得到突出，画面也会显得平淡，缺乏生气。

◎ 180mm ✳ f/4 ≋ 1/600s ISO 100

▲ 在此张照片中，荷花作为主体被安排在了中景位置，而前景的荷叶与背景作为陪体来衬托荷花，使荷花得到突出，也使画面更有艺术感染力

◎ 80mm ✳ f/5 ≋ 1/200s ISO 100

▲ 在此张照片中，将主体山峰安排在中景位置，并对山峰与湖水间的地平线保持水平拍摄，从而增加画面的稳重感。画面中的前景也起到引导人们的视线向山峰看去的作用

7.4.6 背景

所谓背景，是指处在画面结构中最远端的景物。一般是为了强调主体所处环境，加强画面美感与意境。

背景一般不会作为主体出现在画面中，更多时候是以陪体的形式出现，以此来烘托画面气氛，增强画面主题。

在平时拍摄时，可以选择一些纯色的景物作为背景，或是利用大光圈来虚化背景以此达到突出主体的目的，也可以让背景与主体产生联系，来增加画面的气氛和空间感。

有些场景下，为了表达不同的主题，也可以将主体安排在背景位置上，但需要利用好前景与中景的过渡，将观众的视线引导至背景的位置上。

◎ 180mm ✳ f/2.8 ⬚ 1/800s ISO 100

► 在此张照片中，虽然背景已被虚化掉，但虚化后的背景形成与落叶相同的色系，从而起到既突出主体又烘托画面气氛的作用

◎ 18mm ✳ f/2.8 ⬚ 1/600s ISO 100

▼ 选择纯净的天空作为背景，利用三分法对画面进行构图拍摄，使主体得到突出的同时，也使画面显得干净简洁

8

第8课
光线与用光——让照片更具艺术魅力

　　摄影是光与影的艺术。光线，在摄影中就相当于画家手中的画笔，在拍摄过程中，如果用好光线这支画笔，就能画出美妙的图画。首先，需要知道不同光线的特点以及给画面带来的最终效果。

　　本课将结合具体的照片详细讲解各种光线的特点，以及如何利用现有光线条件进行摄影创作。

8.1 　光线的种类

光线的种类有很多，比如太阳光、烛光、霓虹灯等。在摄影中，可以利用直射光、散射光对光线进行简单而准确的分类。下面将对它们进行详细讲解。

8.1.1　直射光

光线的方向明确，容易使拍摄对象产生明显的影子，这种光线叫作直射光，比如晴朗天气下的阳光就是直射光。直射光具有下面几个典型的优点。

（1）突出景物质感。直射光也可以理解为硬光，照射到景物上时，景物的亮部和暗部非常明显，质感可以得到突出的表现。拍摄皮草、水果时，常常使用直射光。

（2）突出景物立体感。直射光很容易在画面中形成影子，可以使景物显得更有立体感。

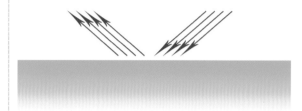

▲ 直射光示意图

◎ 18mm　✳ f/2.8　〰 1/2000s　ISO 100

◀ 在直射阳光下拍摄的人物照片中，人物的影子非常明显，照片给人立体感很强的感觉

◎ 100mm　✳ f/8　〰 1/200s　ISO 100

▼ 以直射光拍摄的照片中，水果的质感得到了很好的表现

8.1.2　散射光

　　光线的方向不明确，拍摄对象的影子很淡，这种光线叫作散射光。比如，阴天的光线就是散射光，这个时候阳光在云层中发生多次反射，最终照射到景物上的光线没有明确的方向。

　　另外，在室内、树荫下、清晨、傍晚等没有明显光线照射的环境中出现的光，也是散射光。

▲ 散射光示意图

◎ 50mm　✳ f/4　〰 1/200s　ISO 200

▲ 利用阴天的散射光拍摄，模特身上没有明显的影子，显得皮肤细腻、光滑

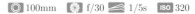

◎ 100mm　✳ f/30　〰 1/5s　ISO 320

▼ 在阴天散射光环境下拍摄郁金香，画面中没有出现明显的阴影，显得很柔和唯美

8.1.3　顺光

除了将光线分为直射光和散射光外，按照光线和拍摄角度之间的关系，还可以将光线分为顺光、45°侧光、90°侧光、侧逆光和逆光。

顺光也叫正面光，指投射方向和拍摄方向相同的光线。使用顺光拍摄时，拍摄对象的受光比较均匀，光线产生的阴影被景物自身遮挡，画面的影调比较柔和的同时，画面的色彩也显得比较鲜艳。

▲ 顺光示意图

📷 105mm　✳ f/5.6　〰 1/1000s　ISO 100

▲ 利用顺光拍摄的蒲公英照片没有明显的影子，给人柔和、唯美的感觉

📷 24mm　✳ f/5.6　〰 1/2000s　ISO 100

▼ 利用顺光拍摄以蓝天为背景的照片，主体人物和背景都显得非常艳丽

8.1.4 45°侧光

光线投射方向和拍摄方向成45°夹角的光线叫作45°侧光。这样光线是前侧光的一种，和平时早晨9点、下午3点的光线角度非常相似。所以，以45°侧光拍摄出来的照片往往可以给人自然的感觉。再加上45°侧光拍摄的景物具有明显的明暗差别，可以使景物具有非常丰富的影调，给人较强的立体感。所以，45°侧光是摄影师最常用的光线之一。

▲ 45°侧光示意图

◎ 50mm　✺ f/4　◢ 1/200s　ISO 100

▲ 在室内利用45°侧光拍摄的人像照片中，人物脸部的光影变化和日常生活中看到的非常相似，照片显得唯美的同时，给人非常自然的感觉

◎ 300mm　✺ f/4　◢ 1/1000s　ISO 800

▼ 利用45°侧光拍摄的照片具有明显的明暗过渡，照片具有较强的立体感

8.1.5　90°侧光

光线投射角度和拍摄方向的夹角为90°的光线叫作90°侧光。这种光线也叫作正侧光，拍摄出来的照片具有极强的明暗反差，给人立体感很强的感觉。使用时，应该注意下面几点。

（1）拍摄特殊题材。90°侧光拍摄的照片具有极强的明暗反差，所以一般情况下不会使用。但是，拍摄一些特殊题材时，利用90°侧光可以获得视觉冲击力极强的照片效果。比如，利用90°侧光拍摄男性肖像，可以突出表现男性的刚硬。

（2）给主体补光。使用90°侧光拍摄时，使用反光板、闪光灯等给主体进行补光，可以适当缩小画面的明暗反差，照片会显得更加和谐，而不失立体感。

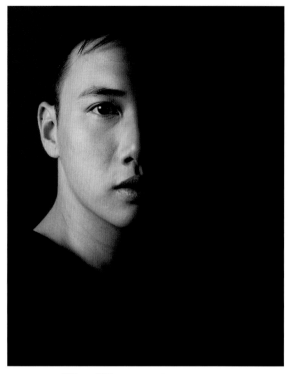

◎ 50mm　✳ f/8　⬳ 1/250s　ISO 100

▲ 使用侧光拍摄的人像照片给人极强的立体感，照片具有很强的视觉冲击力

◎ 105mm　✳ f/8　⬳ 1/500s　ISO 400

▼ 利用侧光拍摄时，使用闪光灯给主体补光，照片具有很强立体感的同时，也显得非常唯美

▲ 90°侧光示意图

8.1.6 侧逆光

　　光线投射方向和相机之间的夹角大于120°小于150°的光线叫作侧逆光，在这种光线下，景物的影子会出现在景物侧前方，景物的正面会因为较黑而失去细节。所以在拍摄人像照片时，侧逆光常常会作为修饰光使用，对人物的轮廓进行重点表现。

　　另外，侧逆光在拍摄风光照片时也使用得很多。例如，利用侧逆光产生的影子可以拍摄出光影效果丰富的摄影作品。

◎ 30mm　✳ f/14　〰 1/100s　ISO 100

▲ 利用侧逆光拍摄的风景照片具有极强的光影效果，给人很强的视觉冲击力

▲ 侧逆光示意图

◎ 50mm　✳ f/4　〰 1/400s　ISO 100

▼ 利用侧逆光作为修饰光拍摄，人物的轮廓显得非常清晰的同时，头发给人非常唯美的感觉

8.1.7　逆光

　　光线投射方向和拍摄方向完全相反的光线叫作逆光。这种光线产生的影子在景物的正前方，景物在照片中会显得很暗。但是逆光也可以产生极具艺术效果的照片效果。例如，逆光具有下面几个常见优点。

　　（1）拍摄透明景物。使用逆光拍摄透明的玻璃杯、花朵时，照片可以给人唯美的感觉。

　　（2）拍摄剪影。利用逆光拍摄时，由于很暗，在较亮的背景中，景物会以剪影的形式出现，照片会给人很强的艺术感。

　　（3）渲染气氛。在逆光条件下拍摄，照片中的光照效果非常明显，通常能给人温暖、浪漫的感觉。

▲ 逆光示意图

◎ 24mm　✳ f/11　〰 1/200s　ISO 100

▼ 逆光下拍摄的人像照片给人很温暖、温馨的感觉

◎ 100mm　✳ f/8　〰 1/200s　ISO 100

▲ 使用逆光拍摄透明材质的玻璃杯，照片给人很强的视觉冲击力

8.2 光线在摄影中的作用

　　光线最基本的作用是照明拍摄对象，从而可以将其拍摄下来。然而在摄影中，利用不同类型的光线进行创作，可以获得不同类型的照片效果。下面将对光线在摄影中的作用进行讲解。

8.2.1 真实记录眼前所见的景物

　　利用光线最基本的照明功能，可以真实记录下眼前所见到的景物。但是拍摄时，应该注意下面几点。

　　（1）控制照片的曝光。当曝光准确时，景物的色彩、亮度才能被真实地记录在照片中。

　　（2）适当地进行构图。拍摄照片时，只要照片的曝光准确，就已经将眼前的景物记录了下来。但是至少应该通过合理的构图，使眼前的景物显得有序，避免照片太过杂乱或者"东倒西歪"。

▶ 随手拍摄的照片虽然将眼前的景物记录了下来，但是照片给人不完整、不美观的感觉

 25mm f/8 　 1/2000s 　 ISO 100

▼ 略微地对景物进行取舍、构图，风景照片就会显得更加唯美、真实

8.2.2 抽象表现物体的轮廓

除了利用光线真实记录景物外，摄影师还可以利用特殊的光线，拍摄出具有抽象效果的照片。方法如下。

首先，使用逆光拍摄。逆光照射下景物很容易由于曝光不足，在画面中形成黑色的影像，从而可以很好地利用抽象线条表现出物体的轮廓。

其次，以画面中的亮部作为测光依据。逆光照射时以亮部的亮度作为测光依据，在亮部的细节得到体现的同时，暗部才会出现抽象的剪影效果。

◎ 28mm　❋ f/11　〰 1/1000s　ISO 100

▼ 逆光拍摄风景时，以天空的亮度作为测光依据，天空中的云彩显得层次丰富的同时，地面的建筑物出现了抽象的剪影效果

◎ 70mm　❋ f/14　〰 1/250s　ISO 100

▲ 逆光拍摄人像时，人物以剪影的形式出现，照片具有很强的抽象美感

8.2.3 突出主体半透明的效果

利用光线突出主体半透明效果，是专业摄影师非常喜欢使用的摄影技巧。拍摄时通过下面几个技巧可以获得较好的拍摄效果。

（1）光线和拍摄对象之间的角度。拍摄半透明效果时，让光线从主体的背面进行照射，主体半透明的效果就会显现出来。这时摄影师可以根据拍摄需要，改变拍摄角度，一般拍摄角度在侧光和逆光之间。

（2）选择合适的主体。拍摄半透明效果的照片时，主体的选择很重要。比如，选择花瓣较薄的花朵、拥有半透明翅膀的蜻蜓等。

◎ 100mm　　✦ f/2　　〰 1/200s　　ISO 100

▶ 逆光拍摄蜻蜓时，蜻蜓翅膀半透明的特点得到了很好的表现

◎ 100mm　　✦ f/10　　〰 1/100s　　ISO 100

▼ 利用侧逆光拍摄花瓣较薄的郁金香，照片中花卉的半透明效果给人唯美、大气的感觉

8.2.4　光与影形成优美的线条

　　利用光线进行创作时，光线产生的影子也是摄影师应该重点考虑的对象。而利用这些光影拍摄出来的照片，可以给人更有艺术感的感觉。拍摄时应该注意下面几点。

　　（1）去繁就简。利用光影拍摄优美的线条时，应该让光线照射在主体好看的线条上，并且让那些杂乱、没有特点的线条处在阴影中，这样的照片会显得更加简洁、大方。例如，拍摄人体照片时，利用光影可以勾勒出人物的轮廓。

　　（2）选择合适的主体。利用光影拍摄优美线条时，选择本身就拥有优美线条的主体非常重要，比如起伏跌宕的沙漠、雪地、山脉等。

◎ 40mm　✳ f/8　〰 1/200s　ISO 100

▲ 利用光线照亮背景使背景曝光过度呈现白色，人物主体处于阴影处，在画面中形成了非常唯美的线条，照片不仅去繁就简，使主体线条显得突出，还给人很有意境的感觉

◎ 24mm　✳ f/10　〰 1/250s　ISO 100

▼ 沙漠中的线条非常漂亮，结合低角度光线产生的阴影一起拍摄，照片具有很强的光影效果，给人唯美的感觉

8.2.5 增强画面的反差

增强画面的反差,简单的理解就是让画面中明亮的地方显得更明亮,暗部显得更加黑暗。这种照片可以给人很强的视觉冲击力。拍摄时,应该注意下面几点。

(1)利用局部光源拍摄。当光线只照射到画面的局部时,画面的局部显得突出,而没有受光的地方显得较暗,照片会出现大反差效果。

(2)在室内利用闪光灯拍摄时,利用单灯拍摄。拍摄时的光线越多,画面中受光的位置也就越多,暗部就会显得更加明亮,不会形成大反差的照片效果。所以,利用单灯拍摄的照片,往往可以给人反差较大的感觉。

(3)利用低角度的光线拍摄。光线的角度较低时,画面中的影子会更长、更明显,照片会出现更大的反差。

◎ 85mm　✹ f/8　〰 1/200s　ISO 100

▶ 利用单灯拍摄的人像照片中,人物的亮部和暗部都非常明显,给人反差很大的感觉

◎ 35mm　✹ f/8　〰 1/500s　ISO 800

▼ 低角度的光线照射在羊群上,羊群的亮部显得很亮,暗部显得很黑,照片具有较大的反差

8.2.6 记录运动轨迹

当光线较暗的时候，利用长时间曝光可以记录下运动物体的轨迹。拍摄时应该注意以下几点。

（1）选择运动物体作为主体。选择运动的汽车、人物、动物、白云等作为主体拍摄，照片可以给人唯美的感觉。

（2）相对较慢的快门速度。记录运动物体时，如果相机的快门速度太快，运动物体会被凝固在照片中，不会出现运动轨迹。例如，拍摄行走的人像时，如果快门速度在1/200秒甚至更快时，那么人物主体会显得非常清晰，不会在画面中留下轨迹；而将快门设置为1/60秒左右时，照片中的主体会显得模糊，而且运动轨迹也不明显；只有将快门速度设置为1/2秒或者更慢的快门速度时，人物的运动轨迹才会非常明显。

（3）结合三脚架拍摄。记录运动物体的运行轨迹时，由于快门速度较慢，使用三脚架可以使画面中静止的物体显得更清晰，从而更好地突出运动物体的轨迹。

◎ 200mm ✳ f/5.6 ≋ 1/200s ISO 100

▲ 当运动物体的运动速度较快时，使用1/200s的快门速度也能记录下运动物体的运动轨迹

◎ 150mm ✳ f/8 ≋ 2s ISO 100

▼ 配合三脚架使用慢速快门拍摄演出，舞台上人物的运动轨迹被很好地拍摄下来，照片给人很有创意的感觉

8.3　一天中不同时间段光线的变化

一天中不同时间段的光线，不论从光线的角度还是颜色上来说都有一些变化。利用它们进行创作时，应该对这些变化有些了解。下面将从清晨的光线、上午的光线、中午的光线、日落的光线、傍晚的光线几个角度进行讲解。

8.3.1　清晨的光线

从天亮到太阳出来之前的一段时间叫作清晨，这时的阳光没有明确的方向，显得比较柔和，非常适合拍摄慢速摄影。

另外，清晨的时候太阳光附近的云彩会呈现出暖色调，而处于阴影中的景物会呈现冷色调，拍摄出的照片会给人很强的视觉冲击力。

▼ 清晨的光线非常柔和，照片中的景物显得很细腻，而且天空的暖色调和地面的冷色调形成了鲜明对比，照片具有很强的视觉冲击力

▲ 清晨的光线较暗，可以在正确曝光的基础上获得较慢的快门速度，流动的水形成了如丝如雾般的美妙效果

8.3.2 上午八九点和下午三四点的光线

　　上午八九点和下午三四点的光线是摄影师最常使用的光线之一，这时的光线不仅具有一定的方向性，可以使景物显得更有质感，而且合适的光线角度在景物上产生的影子也非常和谐。例如，利用这时的光线拍摄人像，可以很容易地获得经典的三角光效果；这时拍摄风景也很容易获得层次丰富、色彩艳丽的效果。

◎ 50mm　✳ f/4　〰 1/500s　ISO 100

▶ 利用下午三四点的太阳光拍摄，人物的光影非常丰富，显得细腻而立体

◎ 24mm　✳ f/14　〰 1/400s　ISO 100

▼ 利用上午八九点钟的光线拍摄的风景，不仅具有很好的空间透视效果，色彩也显得非常丰富

8.3.3　中午的光线

中午的光线指的是12点左右的顶光，这时的光线非常强烈，会在景物上投射出难看的影子，摄影师一般不会选择在这个时间段拍摄。但是在下面几种情况下，利用中午的光线也能创作出出色的摄影作品。

（1）避开影子拍摄唯美的风景照片。中午的时候摄影师不愿意出来拍摄照片，是因为顶光会在画面中形成难看的阴影。但是当拍摄花海、草原等较辽阔的场景时，通过选择拍摄角度、避开地面等方法避开这些影子，照片仍然可以给人唯美、大气的感觉。

（2）让人物抬头从而减轻脸上的影子。在中午的时候摄影师几乎不会拍摄人像照片，这是因为这时的光线太强，模特不仅很容易睁不开眼睛，人物的鼻影、眼影也会非常明显。但是，可以通过让模特抬头的方法使人物脸部的光线显得均匀。这时拍摄出来的照片也会因为强烈的光线，而显得色彩艳丽。

◎ 24mm　✳ f/14　◢ 1/400s　ISO 100

▲ 中午的时候拍摄油菜花，以仰视的角度避开了地面杂乱的影子，照片显得非常鲜艳、唯美

◎ 35mm　✳ f/4　◢ 1/2000s　ISO 100

▼ 中午的时候拍摄人像，人物抬头的动作避免了脸部出现难看的影子，而脚下的影子不仅没有影响画面的美观，而且使照片显得更加立体

8.3.4 日落时分的光线

日落的时间，随着季节和地理位置的变化而有所不同，可以将太阳落山前的半小时左右称为日落时分。这时，太阳光的角度很低，可以在画面中形成漂亮的影子，而且太阳光的色彩也会显得更加温暖。在这个时间段拍摄照片时，可以使用下面几个技巧。

（1）拍摄漂亮的影子。日落时分的光线具有较强的方向性，而且光线的角度很低。画面中景物的影子显得很明显、很长，照片会给人奇特的视角效果。

（2）直接拍摄太阳。日落时分太阳的亮度较低，可以直接以它作为拍摄对象进行创作。比如，利用长焦镜头拍摄出大太阳的照片效果。

◎ 28mm ✹ f/16 〰 1/100s ISO 100

▲ 日落时的光线角度很低，在画面中形成了漂亮、夸张的影子，照片给人耳目一新的感觉

◎ 300mm ✹ f/11 〰 1/200s ISO 100

▼ 日落时分的光线不强，直接以太阳作为主体拍摄，照片给人唯美、大气的感觉

8.3.5　傍晚的光线

太阳下山之后到天空变黑的时间，称为傍晚。这段时间中，光线的变化非常快，不仅光线的颜色由黄变蓝，而且光线的强度也在逐步变弱。在这种光线下，可以通过下面几个技巧进行摄影创作。

（1）结合天空拍摄。傍晚的时候，天空中的云彩变化很大，不仅层次丰富而且色彩也处在不断变化的过程中。利用这时的天空可以拍摄出很多唯美的照片。例如，在傍晚的时候结合天空拍摄城市的夜景，不仅可以获得灯火辉煌的效果，天空的色彩也会使照片更加唯美。

（2）使用慢速快门拍摄。当环境中的光线变弱时，可以在满足正常曝光的前提下，获得很慢的快门速度。例如，这时拍摄流水、云彩等运动的景物，主体会在画面中形成漂亮的轨迹，照片会显得非常精彩。当然，拍摄时必须使用三脚架稳定相机。

◎ 40mm　✹ f/4　〰 1/10s　ISO 100

▲ 傍晚的时候，城市的亮度降低，各种灯光开始点亮，这时结合天空中的云彩进行拍摄，获得了漂亮、大气的城市夜景照片

◎ 25mm　✹ f/22　〰 1/5s　ISO 100

▼ 傍晚的时候拍摄海面，较慢的快门速度使海面形成了如丝如雾般的梦境效果

9

第9课
色彩——赋予照片不同的情感魅力

　　当人们在观看一张照片时，对于色彩的感受往往是最为直观，同时也是最为印象深刻的。因此，在摄影中，色彩运用得是否得当，通常也会对一张照片的表现力起到决定性的作用。

　　本课将从色彩三要素、色彩关系以及常见色彩的照片入手，简单介绍摄影之中有关色彩的知识。

9.1 摄影与色彩

世间万物，缤纷多彩。摄影技术自发明以来，历经多年，从黑白摄影进入彩色摄影，这也使得摄影与色彩之间的关系更加紧密。

9.1.1 色彩三要素

在了解诸多色彩运用之前，先来了解一下色彩三要素——色相、明度与饱和度。

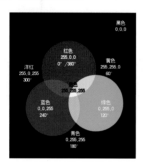

▲ 图中所有色相为：蓝色、绿色、红色、白色、黑色、洋红、青色、黄色

色相，简单来说，便是指色彩的相貌，如红、黄、绿、蓝等各有自己的色彩面目。也就是当人们看到某种颜色时，所叫出的色彩名称。

▲ 黄绿相间的油菜花，又有天上白色的云彩，照片在多色彩融合下，更显清新诱人

明度，所谓"明"为"明暗"的明，简单来说，指颜色所显示的明暗、深浅程度，如白色明度强，黄色次之，蓝色更次之，黑色最弱。

▲ Photoshop 中演示，当明度在100%时，色彩呈现出白色

另外，对于同一种颜色，在其明度不同的情况下也会呈现出不同的视觉效果。比如在蓝色的基础上，改变色彩明度，则会呈现出深蓝、浅蓝等不同视觉效果。

▲ Photoshop 中演示，当明度在0时，照片色彩呈现出黑色

饱和度，又可称为颜色的纯度，指色彩纯净、饱和的程度。原色饱和度最高，间色次之，复色饱和度最低。

在实际运用中，也可以根据含色成分越大，饱和度越大；

▲ Photoshop 中演示，当饱和度在100%时，色彩纯度最高

消色成分越大，饱和度越小的原理，巧妙运用，从而拍摄出更加精彩照片。

▲ Photoshop 中演示，当饱和度在0时，色彩纯度最低

9.1.2 色轮

在了解色轮前，先要知道颜料有三原色，光也有三原色，且两者各有区别。

所谓颜料的三原色，指的就是青色、品红、黄色，为了保证打印色彩真实，还会用到黑色。

所谓光的三原色，也就是通常说的色彩三原色，是指光线照耀下，直接呈现出来的颜色，比如液晶屏幕等显示出来的颜色，其三原色为蓝、黄、红。

色轮，简单来说，就是将可见光区域用圆环表现的一种形式。其通常由 12 种基本的颜色组成。首先包含的是三原色，即蓝、黄、红。原色混合产生了二次色，用二次色混合，产生了三次色。

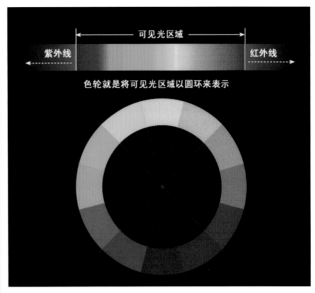

▲ 可见光区域色轮图

▼ 在拍摄之前熟悉色轮图，后期拍摄时对色彩的把控会更加得心应手，从而可以拍摄出更加精彩的照片

所谓对比色，简单来说，是指在色相环上相距120°～180°的两种颜色。

对比色是人的视觉感官在颜色差异上形成的一种视觉效果，是视网膜对色彩平衡作用的一种体现。

在实际拍摄中，常常会运用到对比色，这主要也是因为对比色可以增强照片中的对比效果，从而更加醒目、突出地表现不同物体之间的差异，比如黑白之间的明暗对比关系等。

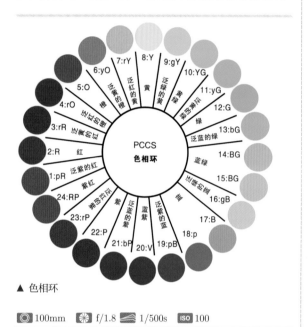

▲ 色相环

◎ 100mm ✳ f/1.8 ⊿ 1/500s ISO 100

▼ 在拍摄静物美食时，以食物的白色与背景黑色进行对比构图，照片主体更加醒目突出

◎ 100mm ✳ f/2.8 ⊿ 1/400s ISO 100

▲ 在拍摄黄色油菜花时，可以采用仰视角度，以蓝天为背景，构建黄蓝色彩之间对比，从而使照片主体更加突出

9.3 协调色让照片更和谐自然

除了对比色之外，在拍摄之中还常常会接触到协调色。

所谓协调色，是相对于对比色而言的，简单来说，协调色是指在色相环中相邻的几种颜色。协调色之间的颜色变化没有对比色那么明显，所以看起来更加和谐自然。

在实际拍摄中，利用协调色拍摄照片，可以使照片更加和谐、自然，照片之中的颜色变化也更加柔和。

▶ 将粉红色的郁金香与蓝天这两种颜色搭配起来拍摄，照片给人更加柔和自然的感觉

▼ 在薰衣草花海中，拍摄穿着蓝色衣服的人像，照片主体与陪体之间达到了非常和谐的效果

9.4 色彩与照片的情感氛围

不同色相的色彩，会给人带来不同的视觉体验与感受。这就如同为照片添加了情感一般，不同颜色色调的照片也具有了不同的情感氛围。

9.4.1 红色热烈奔放

红色，是可见光谱中长波末端的颜色，波长大约为610～750纳米，类似于新鲜血液的颜色。

红色在视觉体验方面也会给人带来喜气、热烈、奔放、激情等情感触动，在春节、婚娶等大日子里，红色也代表着喜庆、红红火火。

另外，红色可以和蓝色（带红的蓝）混合成紫色，可以和黄色混合成橙色。红色和绿色是对比色，其补色是青色。红色是三原色之一，它能和绿色、蓝色调出任意色彩。

9.4.2 绿色青春朝气

绿色，是自然界中常见的颜色，是在光谱中介于青与黄之间的那种颜色，比如夏季的树叶、竹叶、小草等都是绿色。

▲ 红色多代表喜庆、吉祥之意，常被用在婚礼或节日之中。在实际拍摄中，运用红色可以很好地衬托喜庆的环境氛围

⊙ 30mm ❀ f/8 ⚏ 1/30s ISO 100

▼ 小区里绿色的植物被雨水冲洗过后，显得更加清新美丽

绿色是可视光部分中的中波长部分，波长大约为500～570纳米，将颜料三原色中的黄色和青色混合可以得到绿色。

在视觉感受方面，绿色可以给人清新、舒适之感，有时还可以将绿色引申为希望、安全、平静之意。因此在拍摄照片时，恰当运用绿色，可以为照片增添青春、朝气的氛围。

9.4.3 黑色神秘寂静

黑色，简单来说，便是没有任何光线存在时事物呈现出来的色彩效果，其基本定义为没有任何可见光进入视觉范围，比如漆黑的夜晚。黑色和白色正相反，白色是所有可见光光谱内的光都同时进入视觉范围内。

黑色因其独特的视觉效果，在文化意义层面，往往被比喻为冷酷、阴暗、神秘、黑暗和不光明。

所以，在实际拍摄时，运用黑色可以表现事情阴暗神秘的一面。另外，运用黑色与白色的对比，还可以更加突出表现主体。

9.4.4 白色纯洁雅致

白色，如牛奶的颜色，其是一种包含光谱中所有颜色光的颜色，通常被认为是"无色"的。

📷 100mm　✳ f/4　〰 1/60s　ISO 500

▼ 白色的栀子花，显得洁净典雅

白色的明度最高，无色相。在实际操作中，可以将光谱中三原色的光——红色、蓝色和绿色，按一定比例混合得到白光。另外，光谱中所有可见光的混合也是白光。

与其他颜色一样，在文化积淀过程中，白色也有其独特的象征意义，比如公正、纯洁、端庄、正直、少壮以及超脱凡尘与世俗的情感。在实际运用时，拍摄美女人像、静物等题材时都会用到白色，从而表现美女人像的纯洁优美、静物的整洁细腻等。

📷 10mm　✳ f/18　〰 1/20s　ISO 100

▲ 夜晚，在黑夜之中拍摄烟火，可以更加清晰明亮地表现出烟火绽放的痕迹

9.4.5 蓝色深远宁静

蓝色，是红、绿、蓝光的三原色中的一员，在这3种原色中它的波长最短，为440～475纳米，属于短波长。

从色彩给人的感觉来说，蓝色也是最冷的色彩，这也就使得蓝色照片给人更加深远宁静的感觉。

另外，在色轮中，蓝色的互补色是黄色，对比色是橙色，情侣色是粉色，邻近色是绿色、青色、靛色。在实际运用中，恰当利用蓝色与其他颜色之间的关系，可以使拍摄更加得心应手。

从视觉体验来说，通常情况下，纯净的蓝色会给人一种美丽、冷静、理智、安详与广阔的感觉。另外，从情感方面来说，蓝色还表示着秀丽清新、宁静、忧郁、豁达、沉稳、清冷。

◎ 35mm　✳ f/4　〰 1/250s　ISO 100

▶ 拍摄穿着蓝色服饰的人像时，人物显得更加秀丽清新，照片整体效果宁静安详

◎ 17mm　✳ f/12　〰 1/320s　ISO 100

▼ 拍摄雾气环绕的群山时，因为反射天空颜色，云海呈现浅蓝色，照片给人清新、宁静、豁达之感

9.4.6 黄色艳丽醒目

黄色也是三原色之一，是由波长为570～585纳米的光线所形成的颜色，红、绿色光混合可产生黄光，蓝色为其互补色，但传统上，也会将紫色作为其互补色。

值得关注的是，黄色的波长适中，是所有色相中最能发光的颜色，给人轻快、透明、辉煌、充满希望和活力的色彩印象。然而，黄色也由于过于明亮，往往给人轻薄、冷淡的感觉。

在摄影中，利用黄色色彩进行拍摄，可以给人更加艳丽、醒目的视觉感受。因此很多摄影爱好者都喜欢拍摄油菜花、向日葵等娇艳的黄色花卉。

另外，傍晚时分，阳光多呈现黄色光线，在这时拍摄，可以为照片平添几分温暖、祥和的视觉效果。

◎ 200mm　✸ f/3.2　〰 1/400s　ISO 100

▶ 拍摄黄色郁金香，以后面的黄色郁金香为背景，照片更加艳丽、醒目

◎ 50mm　✸ f/2　〰 1/500s　ISO 100

▼ 傍晚时分，逆光拍摄宠物狗，其毛发在阳光的照耀下，笼上了一层淡淡的金黄色，从而使照片更加和煦温暖

10

第10课
照片的基本管理

　　一天的拍摄结束之后，还要对照片进行一些基本处理，比如将照片导入计算机、浏览以及筛选照片，为照片进行分类，并将喜欢的照片保存、重命名等。

　　本课将从这些方面入手，介绍拍摄之后对照片的基本管理。

10.1 将相机中的照片导入计算机

照片的基本管理,就是对拍摄的照片进行一系列的整理、选取。

在照片管理中,首先要做的便是将照片导入计算机,最常见的导入方法有以下3种。

10.1.1 使用数据线直接导入计算机

使用数据线直接导入,简单来说,就是通过一条数据线,将相机中的照片导入计算机之中。

具体操作:将数据线两端,一端插入计算机,另一端插入相机数据传输接口处,之后开启相机,这样计算机中便会显示相机中的照片文件,通过复制和粘贴,可以将照片导入计算机硬盘中。

虽说这种方法比较方便直接,但是照片传输速度并不是很快,因此在实际操作中,这种方法并不是首要选择。

10.1.2 借助读卡器

在实际生活中,借助读卡器或者将存储卡直接插在计算机插孔中的方法,是目前使用得最多的方法。

具体操作:将存储卡插在读卡器上,连接到计算机,在计算机中找到读卡器文件,然后将照片导入计算机,便可以完成照片的传输了。

◀ 用于相机传输数据的数据线

▲ 将数据线一端插入计算机USB接口

▲ 将数据线另一端插入相机连接口

▲ 保持相机开机状态,在计算机文件中找到相机信息,进入文件夹对需要导入的照片进行相应的复制粘贴

10.1.3 利用Wi-Fi功能

随着数码技术的更新,可以利用相机的Wi-Fi功能,将相机之中的照片导入计算机。

具体操作时,只需要简单几步,将相机与计算机通过Wi-Fi功能连接起来,便可以进行照片导入了。

◀ 读卡器和CF卡

▲ 将存储卡插入读卡器之中相应的卡槽,然后将读卡器连接到计算机

▲ 在计算机中找到读卡器文件,打开,将需要的照片复制粘贴到计算机相应文件夹之中

◀ 启用佳能 EOS 70D 数码单反相机的"Wi-Fi"功能

◀ 进入菜单,选择其中的计算机图标,完成相机与计算机之间的连接后,就可以使用"Wi-Fi"功能将照片传入计算机

10.2 使用照片浏览软件浏览照片

将照片导入了计算机，在管理照片之前，先要解决怎么观看、用什么软件观看照片的问题。目前，在照片浏览软件中，使用较多的主要有光影看看、美图看看以及 Pisaca 等。

10.2.1 光影看看

光影看看是与光影魔术手软件配套的照片浏览软件，其功能基本和 Windows 查看器一样。

这款软件操作方便、快速，可以很好地满足不同档次计算机配置下照片的顺畅浏览；另外，这款软件在照片浏览时可以进行幻灯片播放，更有背景音乐，从而使浏览效果更好。

◀ 光影看看照片浏览软件的操作界面

10.2.2 美图看看

美图看看可以说是目前最小、最快的一款看图软件，其由美图秀秀团队推出，在照片浏览上面几乎完美兼容了所有主流照片格式。

另外，这款软件专门针对数码照片优化，采用自主研发的图像引擎，全面提升了大图片浏览性能，从而使浏览过程更加快捷、舒服。

◀ 美图看看照片浏览软件的操作界面

10.3 批量处理：调整照片尺寸

日常拍摄中，经过一次或者一天的拍摄，通常会拍摄出几十张甚至上百张的照片。倘若使用照片原始尺寸，计算机的存储空间很快便会被这些照片塞满，常用的解决方法便是，对照片尺寸大小进行压缩。

因为是对几十甚至上百张照片进行处理，为避免重复劳动可以使用批量处理功能，对照片尺寸进行调节。

接下来，便介绍光影魔术手和美图秀秀两款软件之中批量处理的具体操作方法。

10.3.1 光影魔术手

使用光影魔术手中的批量处理功能对多个照片文件进行处理的具体操作方法如下。

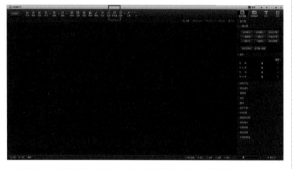

▲ ①打开光影魔术手软件，并在软件界面中找到批处理选项（红框中）

▲ ②单击"批处理"，出现批处理界面

▲ ③选中需要批处理的照片

▲ ④进入批处理第二步，选择"调整尺寸"，并设置好需要调整的尺寸参数

▲ ⑤设置好参数之后，单击"下一步"选择批处理之后的输出设置

▲ ⑥设置好之后，单击"开始批处理"，软件进行自动处理，直至批处理完成

10.3.2 美图秀秀

除了使用光影魔术手进行一些批处理以外，还可以使用美图秀秀软件对多张照片进行批处理。

具体操作方法如下。

▲ ①打开美图秀秀软件，并在主界面找到批量处理功能

▲ ②单击"批量处理"，进入批量处理工作栏

▲ ③单击"添加多张图片"，选中需要进行批处理的照片

▲ ④之后，在批量处理功能栏右方的"保存设置"中，设置需要修改的尺寸参数值

▲ ⑤单击"保存"，软件进入批处理状态

▲ ⑥批量处理完成

10.4　照片的保存与备份

对照片尺寸进行批量处理，其最主要目的便是节省存储空间，以保存照片。

对于照片的保存方法，既可以使用较为传统的冲洗照片保存，也可以将这些数码照片放在计算机硬盘里保存。

无论是哪一种保存方法，都难免会有损坏丢失的情况发生。因此，在保存照片时，还需要做好照片备份，也就是将照片多存储几份。

▶ 以时间为分类依据，将照片按照日期建立文件夹进行管理

10.5　照片筛选与分类

所谓的照片筛选与分类，简单来说就是在计算机上对拍摄的照片进行筛选，删除那些拍摄得模糊或者没有意义的照片，并对筛选之后留下来的照片进行分类。

在对照片进行分类整理时，使用较多的分类依据是时间、地点和拍摄题材。

具体操作时，可以借助某些软件对照片进行整理分类，比如ACDsee、Adobe Bridge、Picasa等，这几款软件都可以用来对照片进行分类以及星级评分。

另外，使用文件夹整理分类，也是一种常用的分类方法。

▲ 按照拍摄题材不同对照片进行分类

▼ Adobe Bridge软件中的照片分类管理界面

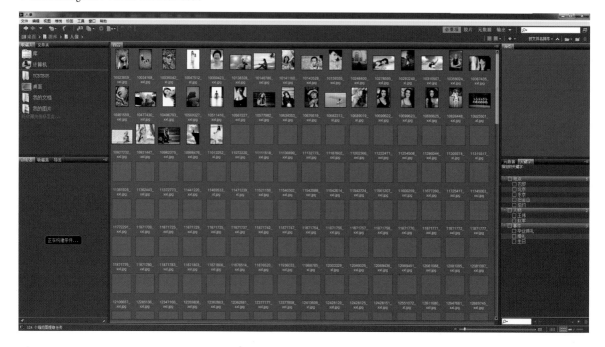

10.6 批量处理：为照片重命名

为了方便照片管理，以及之后对照片的查找及运用，在保存照片时，还会对照片进行整体性的重命名工作。

在实际照片管理中，单独对一张照片重命名时，可以使用"F2"键进行；在对多张照片进行批量重命名时，可以将照片全部选中，只需对第一张照片进行重命名，其他选中照片将会按照顺序完成重命名。

另外，在实际操作时，还可以使用软件对多张照片进行重命名，比如之前提到的光影魔术手、美图秀秀等，都有批量重命名的功能。

◀ 在Windows中，选中全部照片，并对第一张照片进行重新命名，之后按"Enter"键则所有照片将自动进行重命名

10.6.1 光影魔术手

▲ 与之前介绍批处理照片尺寸的操作一样，打开光影魔术手软件，开启批处理功能

10.6.2 美图秀秀

▲ 开启美图秀秀批量处理功能

▲ 在第3步设置中，找到重命名选项，对照片进行重新命名

▲ 在保存设置中找到"重命名"，对照片进行重命名

11

第11课
基础后期处理

所谓基础后期处理，是指那些对照片进行的简单的后期处理，比如旋转照片、一键美化等。
本课将从这些可以通过软件一键完成的基本后期处理入手，简单介绍一些比较基础的后期处理。

11.1 光影魔术手简介

光影魔术手是国内应用最广泛的图像处理软件之一，被多家权威媒体评为2007年最佳图像处理软件。光影魔术手的主要功能是对照片进行修补以及增加各种特殊效果。

软件本身自动化程度很高，不需要任何专业的图像技术，就可以制作出经过复杂处理的照片效果。软件采用的是一键集成模式，只需单击一个按钮，软件就会按照事先预设的程序进行一些复杂的照片优化操作，它是摄影作品后期处理、照片快速美容、数码照片冲印整理时非常好用的图像处理软件。

光影魔术手在安装完成后，由于工具栏图标较大，建议使用1024×768以上的屏幕分辨率。

在程序安装完成后，照片文件与光影魔术手软件会自动相关联。当需要用这款软件处理某张照片时，只需用鼠标右键单击照片，从弹出的快捷菜单中选择用光影魔术手打开即可。

另外要提醒的一点是，在利用光影魔术手对照片进行处理时会导致照片损失部分细节，所以最好在处理前保存原片。

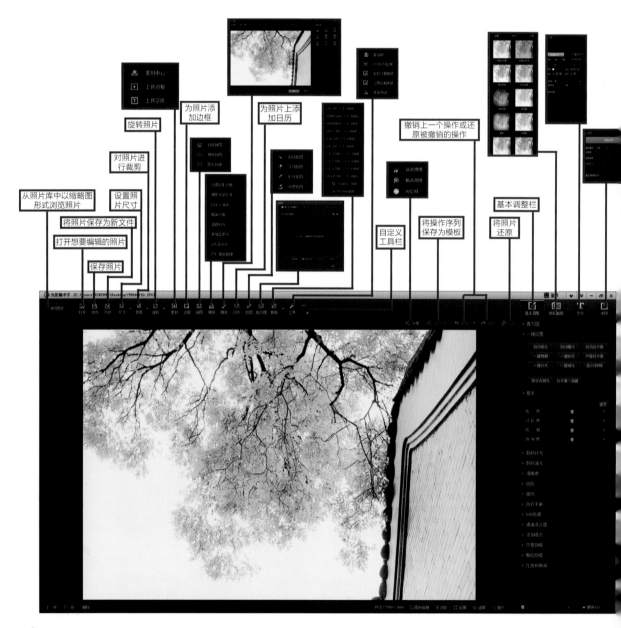

11.2 美图秀秀简介

美图秀秀是一款多平台的免费照片处理软件，它操作简便，不需要经过任何系统学习也可轻松掌握其使用方法，非常适合用来快速地处理上传到网络的照片。

美图秀秀软件提供了丰富的后期处理功能，独有的照片特效、美容、拼图、场景等功能可以让用户仅仅花费几分钟的时间就能完成非常复杂的后期处理操作。除了PC平台，该款软件还适用于iOS、Android等多种平台，同样受到广泛的好评，在照片处理软件排行榜中长期处于高位。

美图秀秀软件界面设计简洁明了，可以让用户更方便地查找各种功能。另外，该软件支持多种语言，可以满足不同人群使用的需要。它整合了复杂的后期照片处理操作，令这些繁杂的操作可以通过单击一个按钮来让程序自动完成。该软件还提供了强大的在线支持，可以通过互联网实时更新软件的各种内容。

不过，需要注意的是，在使用该软件对照片进行后期处理时，可能会较大地影响原照片的质量或细节，因此在对照片进行后期调整之前备份原片是很好的习惯。

首页选项卡：里面包括打开照片、人像美容、拼图以及批量处理等
美化选项卡：提供对照片整体画面的基本调整和一键自动修复功能以及各种画笔功能
美容选项卡：提供对照片中人物进行美化的功能，大部分功能为一键单击程序自动执行，非常方便
饰品选项卡：提供对照片上添加各种水印和静态、动态形象、装饰的功能
文字选项卡：对照片添加各种样式的静态、动态文字
边框选项卡：对照片添加各种样式的边框
场景选项卡：为照片添加一个特定场景的背景
拼图选项卡：提供各种对多张照片或照片中局部进行更换拼接的功能
更多功能如下。
九格切图选项卡：可以将照片分成9个正方形，另外可以将9个小图分别保存
摇头娃娃选项卡：提供将照片中人物头像抠图并制作成动态的娃娃照片样式的功能
闪图选项卡：将照片变化为不停闪动和切换的闪图模式

工具箱：根据不同的照片处理选项卡显示具体的处理功能，对照片的处理基本在该区域完成

查看照片时，通过拖动该拉杆可以调整照片显示的大小

将调整处理后的照片与原图进行对比

查看原始照片

撤销上一个操作或还原被撤销的操作

打开要编辑的照片

新建一张画布

网络资源面板

保存照片或将照片分享到互联网

11.3 裁剪照片实现二次构图

按下快门按钮拍摄的照片的构图称作第一次构图。第一次构图由于受环境因素影响，常常会有一些不必要的物体出现在画面中，为了使照片画面更加简洁，主体更加突出，可以在后期处理时对照片进行裁剪，这就是第二次构图。

具体的操作修改，可以在光影魔术手和美图秀秀中完成。

▲ 原图，照片中出现其他鸟类，严重干扰主体表现

◀ 裁剪之后，照片画面简洁，主体突出

11.3.1 光影魔术手

▲ 在光影魔术手中，将需要二次构图的照片打开

▲ 单击"裁剪"选项，并设置二次构图时照片的宽高比，然后对照片进行选取、裁剪

11.3.2 美图秀秀

▲ 同样，将需要二次构图的照片，在美图秀秀中打开

▲ 选择软件界面中右上方的"裁剪"选项，设置宽高比，然后选取并对照片进行裁剪

11.4　旋转照片纠正歪斜的地平线

　　实际拍摄过程中，常会出现因相机没有端正或者手抖而导致拍摄的照片中地平线歪斜不正的情况。为解决这些问题，可以在后期处理中，通过旋转照片，对歪斜的地平线进行校正。

　　具体操作时，可以借助光影魔术手或美图秀秀进行旋转修改。

　　另外，开启两款软件的自动裁剪功能，可以更加快捷地完成旋转之后照片的裁剪。

11.4.1　光影魔术手

▲ 将地平线歪斜的照片导入光影魔术手软件

▲ 单击"旋转"选项，软件进入旋转功能界面，勾选"自动裁剪"，在任意旋转时，按住鼠标左键，将照片中在同一水平线两边的海面用直线连接起来

▲ 松开鼠标，照片完成旋转，歪斜的地平线得以纠正

11.4.2　美图秀秀

▲ 将地平线歪斜的照片导入美图秀秀

▲ 单击主界面右上方"旋转"选项，进入旋转界面，选中红框中的"自动裁剪"，并在任意角度中设置旋转度数，通过旋转照片纠正地平线歪斜现象

11.5 增加照片的饱和度让色彩更鲜艳

在拍摄照片时，常常会因为自然条件的制约或是拍摄时的一些小失误导致画面的饱和度较低，画面发灰，缺乏美感。后期图像处理时可以增加饱和度令照片重新找回自己的色彩，更加吸引人的眼球。

具体处理时，可以在光影魔术手或美图秀秀中进行操作修改。

▲ 原图，照片色彩饱和度较低，画面色彩平淡

◀ 增加饱和度后，照片颜色艳丽，更具吸引力

11.5.1 光影魔术手

▲ 将需要处理的、饱和度较低的照片在光影魔术手中打开

▲ 在光影魔术手界面右侧的基本设置之中，增加饱和度数值，使照片颜色更加艳丽

11.5.2 美图秀秀

▲ 将需要处理的、饱和度较低的照片在美图秀秀中打开，并找到"色彩饱和度"

▲ 增加"色彩饱和度"数值，使照片更加鲜艳

11.6 对照片进行一键锐化

拍摄中常常会发现，一些照片的锐度不足，主体边缘不清晰。对于这些锐度不足的照片，多少会犹豫不决是将其删除还是保存下来。

为解决这一情况，可以借助某些软件的锐化功能进行后期处理，从而使这些锐度不足的照片，主体更加清晰锐利。

具体操作时，可以使用光影魔术手或美图秀秀进行处理修改。

11.6.1 光影魔术手

▲ 将锐度不足的照片在光影魔术手中打开

▲ 在主界面的一键设置中，找到"一键锐化"选项，单击该选项，软件即对照片进行自动锐化处理。在一次锐化效果不佳时，可以对照片多进行几次"一键锐化"

11.6.2 美图秀秀

▲ 将锐度不足的照片在美图秀秀中打开

▲ 在主界面右侧的基本特效中，选择"锐化"，对照片进行锐化处理。同样，在一次锐化效果不佳时，可以对照片进行多次锐化处理

11.7 对照片进行一键补光

所谓补光，就是为曝光不足的照片增加亮度，从而使照片曝光准确。

在光影魔术手和美图秀秀中，都有对照片进行一键补光的功能。

11.7.1 光影魔术手

▲ 将曝光不足的照片导入光影魔术手中

▲ 在主界面中找到"一键补光"选项，单击该选项对照片进行补光。一次补光效果不佳时，可以多进行几次补光操作

11.7.2 美图秀秀

▲ 将曝光不足的照片导入美图秀秀中

▲ 在主界面左侧的基础选项中，找到"亮度"选项，调节亮度数值，从而完成对照片的补光处理

11.8 对照片进行一键减光

与补光相反，减光是对那些曝光过度的照片进行处理的一种方法，使过亮的照片经过减光操作处理后，在一定程度上达到曝光准确的效果。

在实际操作时，可以利用光影魔术手中的"一键减光"选项，对照片亮度进行减少。

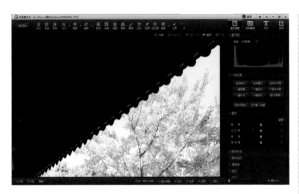

▲ 将曝光过度的照片导入光影魔术手中

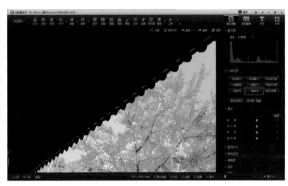

▲ 在主界面中找到"一键减光"选项，单击该选项对照片进行减光。同样，一次减光效果不佳时，可以多进行几次减光操作

11.9 一键调整白平衡

前期拍摄时，通过白平衡的选择与设置，可以减少照片色彩不准的情况。但是，在遇到环境光线较为复杂的情况时，拍摄的照片或多或少会出现白平衡不准的情况。

为此，在后期处理时，也可以通过光影魔术手中的自动白平衡功能对照片进行纠正。

▲ 将白平衡不准确的照片导入光影魔术手中

▲ 在主界面中找到"自动白平衡"选项，单击该选项对照片进行处理。另外，在白平衡严重偏离的时候，可以选用"严重白平衡"或"白平衡一指键"选项进行处理

11.10　一键选择不同风格效果

　　在光影魔术手和美图秀秀中，为了方便用户，这两款软件都配有强大的特效滤镜，在后期处理时，记住滤镜特效，就可以在很短的时间内完成照片风格效果处理。

　　具体操作时，将照片导入软件，然后在特效效果栏中选择自己喜欢的风格效果就可以了。

11.10.1　光影魔术手

▲ 将需要添加效果的照片导入光影魔术手，选择"数码暗房"选项

▲ 选择喜欢的风格效果，并适当调节效果中的实际参数，单击"确定"，完成效果添加

11.10.2　美图秀秀

▲ 将需要添加效果的照片导入美图秀秀

▲ 在右侧特效栏中，选择喜欢的风格效果，并适当调节效果中的实际参数，单击"确定"，完成效果添加

11.11　在照片上添加文字注解

在后期处理时，有时会根据实际需要，在照片上添加一些文字。

具体操作时，可以在光影魔术手、美图秀秀或Photoshop中进行添加。

11.11.1　光影魔术手

▲ 将需要添加文字的照片导入光影魔术手

▲ 单击主界面右侧的"文字"栏，输入文字，然后对文字大小、颜色等效果进行设置，从而完成文字添加

11.11.2　美图秀秀

▲ 将需要添加文字的照片导入美图秀秀

▲ 选择软件上方"文字"选项，输入文字，并对文字进行选择设置，从而完成文字添加

11.11.3　Photoshop

▲ 将需要添加文字的照片导入Photoshop

▲ 在工具栏中选择"文字工具"，选中文字选区，并在文本框中输入文字

11.12 为照片添加水印和边框

　　所谓水印，就是往照片中添加的标签。这种标签可以是文字，也可以是图案，其主要目的是达到文件真伪鉴别、版权保护的作用。在基本后期处理中，边框也是一种常用的方法，有些照片在加上边框后，视觉效果更加精彩诱人。

　　接下来，就光影魔术手和美图秀秀两款软件，分别介绍水印和边框的添加方法。

▶ 添加水印之前，需要制作或者选择一张图片作为水印素材。这里，从Photoshop中，借助文字工具，制作一张文字图片，并将其保存作为水印素材

11.12.1　光影魔术手中添加水印

▲ 在光影魔术手中，打开需要添加水印的照片

▲ 在界面右侧选择"水印"栏，并选择"添加水印"添加之前保存的"GUAUG JIAO SHI LI"水印文件

11.12.2　美图秀秀中添加水印

▲ 在美图秀秀中，打开需要添加水印的照片

▲ 在文字栏中，单击"导入模板"，导入水印素材

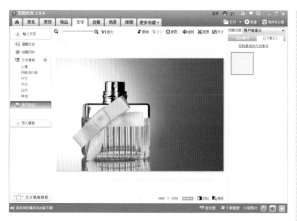

▲ 素材导入成功

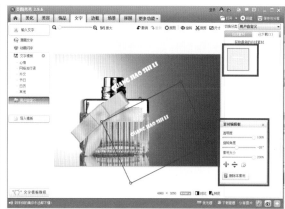

▲ 单击右侧红框中的素材文件，添加水印，对右下角红框中的素材编辑框进行设置，从而完成对水印的添加

11.12.3　光影魔术手中添加边框

▲ 在光影魔术手中，打开需要添加边框的照片，并且单击主界面上方的"边框"选项

▲ 进入边框选择界面，选择喜欢的边框，单击"确定"，完成边框添加

11.12.4　美图秀秀中添加边框

▲ 在美图秀秀中，打开需要添加边框的照片，并单击主界面上方的"边框"选项

▲ 进入边框选择界面，选择喜欢的边框，单击"确定"按钮，完成边框添加

第12课
进阶后期处理

　　介绍完照片基本处理之后，本课将更进一步，介绍一些进阶后期处理。

　　这里所说的进阶后期处理，主要是指在Photoshop中对照片的色彩、人物的皮肤以及体型轮廓进行的后期修饰。

12.1 Photoshop 简介

Photoshop 是 Adobe 公司旗下享誉世界的图像处理软件之一，是集图像扫描、编辑修改、图像制作、广告创意、图像输入与输出于一体的专业图像图形处理软件。其功能之强大、应用领域之广泛、技术手段之专业都是其他图像处理软件难以企及的。因此，照片的后期处理过程如今也通常用 PS（Photoshop 软件的缩写）这一说法来代替。

虽然 Photoshop 是一款专业的图像处理软件，但其界面仍旧比较直观，即使非专业人士经过入门的学习以后，也可以将该软件在照片后期处理中的作用发挥出来。

Photoshop 在对照片进行后期处理的工作中具有以下的优势。

① 利用该软件对照片进行处理时不会让照片损失任何细节，能够保证照片的画质。

② 利用该软件可以对照片进行极其细微的自定义调整，使照片的每一个细节都表现得非常优异。

③ 利用该软件在对照片进行后期调整后，可以后缀名为 psd 的文件保存，将照片调整的每一个过程都记录下来。

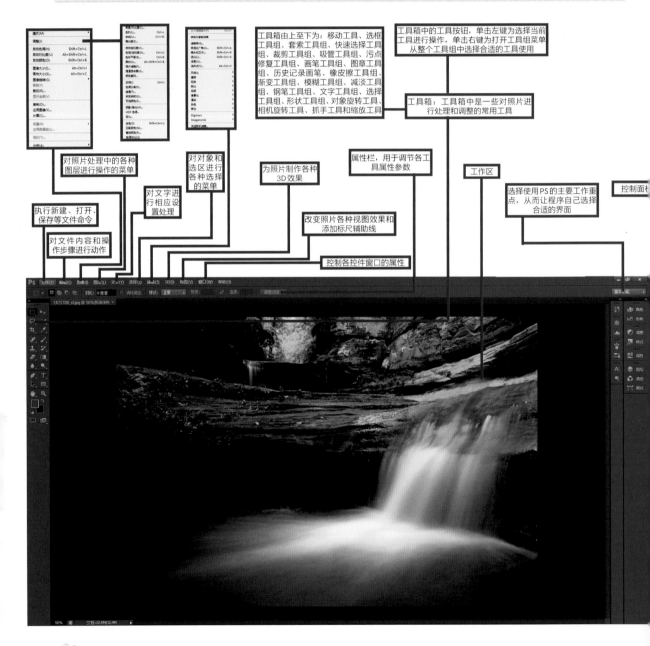

12.2 去掉画面中的多余元素

在拍摄时，有时候环境周围会有一些影响画面效果的杂物存在，即便是调整拍摄角度可能也无法规避，即使使用小景深令背景虚化，也达不到满意的效果。这时，就需要使用图像处理软件来"抹掉"这些与画面无关的多余元素。

在大多数的后期处理中，可以使用Photoshop软件，借助软件中的污点修复画笔工具、修复画笔工具以及修补工具3种工具对照片中的污点进行修改处理，很快捷地去除照片之中影响画面整体效果的事物。

不过，需要注意的是，在使用这3种工具的时候，要尽量细致，避免画面中出现明显的修补痕迹。

▲ 原图中，有一些游人出现在照片中，影响照片效果

▲ Photoshop中，用于去除污点的修补工具

◎ 24mm ✸ f/8 〰 1/640s ISO 100

▼ 借助Photoshop中的修补工具，可以很便捷地将照片中的游人去除，从而使照片变得整洁

具体操作步骤如下。

▲ ① 在Photoshop中，打开需要进行后期处理的照片

▲ ② 在软件工具栏中找到修饰工具组，并根据需要选择"修补工具"

▲ ③ 在利用修补工具的时候，将需要修饰的区域用修补工具选中

▲ ④ 单击并按住鼠标左键，将选中区域向左侧与修补区域相似的图像区域拖动

▲ ⑤ 松开鼠标左键，修补区域修饰完成

▲ ⑥ 依照这种方法，将其他区域需要修补的地方进行修补

12.3 虚化背景让画面更简洁

在拍摄照片时，使用小景深来虚化背景，从而突出表现拍摄对象是一种常用的摄影技法。背景虚化不仅可以通过拍摄时使用小景深来实现，也可以在照片后期处理时利用软件来达到这一效果。

有些时候，可能因为客观的自然条件以及器材的局限性，或是拍摄时发生的其他问题导致拍摄出来的照片的背景没有达到理想的虚化效果，这时就需要利用图像处理软件来进行背景的虚化。

使用Photoshop将照片背景虚化的主要依据是，对照片背景区域进行选取，并对选区部分加以"镜头模糊"的滤镜效果。

▲ 原图，照片背景较为杂乱，影响到了照片主体

▲ 背景虚化后，照片主体突出，照片更加整洁

具体操作步骤如下。

▲ ① 将照片在Photoshop中打开

▲ ② 在左侧工具栏中，选择画笔工具，单击快速蒙版

▲ ③对需要处理的照片进行选取，将主体选中

▲ ④关闭快速蒙版，建立选区

▲ ⑤在滤镜菜单中找到"模糊"滤镜，并在模糊滤镜子菜单中选择"镜头模糊"

▲ ⑥进入镜头模糊调节界面，在镜头模糊界面中，可以对背景模糊状态进行一些设置

▲ ⑦设置完成后，单击"确定"按钮，镜头模糊操作完成

▲ ⑧按"Control+Shift+S"组合键，将处理好的照片进行保存

12.4 让天空重现蓝色

在拍摄以天空作为背景的照片时，受到光位或本身天气状况的影响，有时拍摄出来的天空不够蓝。为解决这一问题，可以在后期处理时让照片中的天空更蓝。

在 Photoshop 中解决这一问题的方法并不唯一，可以借助通道、色彩饱和度以及色阶等方法进行调节。这里将简单介绍如何利用色阶面板让天空更蓝。

具体操作步骤如下。

▲ ① 将需要修改的照片，在 Photoshop 中打开

▲ ② 在图层下方，添加色阶图层

▲ ③ 在色阶面板中，调节照片参数

▲ ④ 照片中天空的颜色调节好后，选中背景与色阶图层，按"Control+E"组合键合并图层

▲ ⑤ 按"Control+Shift+S"组合键，将处理好的照片进行保存

12.5 让灰蒙蒙的天空更通透

在拍摄时，有时由于受到自然条件的影响，例如雾天，可能会导致拍摄的画面不够通透。这时，可以在后期处理中使画面变得更加通透和清晰。

光影魔术手和美图秀秀中都为用户提供了"去雾镜"这样的效果，为图省事，可以借助这些功能，对照片进行一键处理。本节则是介绍在Photoshop中，利用曲线等工具让照片更加通透。

▲ 原图，照片中灰蒙蒙，不够通透

◎ 200mm ✳ f/8 ◪ 1/500s ISO 800

◀ 借助Photoshop，可以很好地去除照片灰蒙蒙状态，从而使照片更加通透

具体操作步骤如下。

▲ ① 将需要修改的照片，在Photoshop中打开

▲ ② 在界面右侧图层面板下方，单击"创建新的填充或调整图层"按钮，在弹出的下拉菜单中选择"曲线"

▲ ③ 在"曲线"面板中，调节曲线，使照片更加通透

▲ ④ 一次曲线调节效果不佳时，可以再次添加"曲线"调整图层，对照片再次进行调节

▲ ⑤ 根据照片明暗状况，添加"亮度/对比度"调整图层

▲ ⑥ 在"亮度/对比度"面板中，调节照片亮度

▲ ⑦ 后期处理完成后，将所有图层选中，按"Control+E"组合键合并图层

▲ ⑧ 按"Control+Shift+S"组合键，将处理好的照片进行保存

12.6 高级锐化让废片起死回生

在拍摄照片时，有时会因为相机抖动、对焦不准甚至大气的通透度等原因导致照片模糊，物体轮廓不够清晰。在遇到这些情况时，可以利用图像处理软件，对照片进行锐化处理，这样可以在一定程度上增加照片的锐度，从而挽救这些锐度不够的照片。

目前，很多软件中都具有锐化功能，可以根据需要选择合适的软件进行处理。不过，从精准度和灵活性来说，最好还是选择 Photoshop 进行修饰。

Photoshop 最大的优势便是可以对照片进行局部修饰，所以在使用时，应该尽可能发挥其局部修饰功能，多使用选区方法，从而使照片处理更加精准细致。

另外，值得注意的是，锐化功能在使照片中的拍摄对象轮廓更清晰、照片更锐利的同时，也会降低照片的细节质量，高度锐化后的照片在高倍放大下就会看到严重的噪点。因此在使用锐化功能时，应尽可能地权衡锐度与画面细节质量之间的关系。

▲ 原图，对焦模糊，照片主体锐度不够

◀ USM 锐化调节窗口

◎ 400mm　✳ f/5.6　◢ 1/500s　ISO 100

▼ 经过 Photoshop 局部锐化处理，照片中的荷花主体锐度增强，照片主次分明

具体操作步骤如下。

▲ ① 在 Photoshop 中，打开需要进行锐化处理的照片

▲ ② 选择画笔工具，并开启快速蒙版

▲ ③ 对需要进行锐化处理的区域进行快速蒙版选区

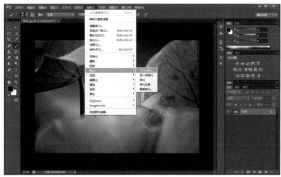

▲ ④ 在滤镜栏中，选择"锐化"→"USM 锐化滤镜"

▲ ⑤ 在"USM 锐化"对话框中，设置照片锐化程度

▲ ⑥ 单击"确定"按钮，完成锐化，并按"Control+Shift+S"组合键，将处理好的照片进行保存

12.7　修正偏色的人像照片

有些照片会因为不同属性的光源或者周围景物的反光而导致偏向某种色彩。偏色会影响照片的色彩真实度，让照片缺乏美感。而利用Photoshop可以在后期对偏色的照片进行非常细致的调整。

另外，值得注意的是，对于偏色的处理最好在相机中进行，即在拍摄时就选择适宜的白平衡或者直接调整相机内部的色彩偏移，后期调整远远不如在拍摄时就设置所达到的效果自然。

◀ 色相/饱和度调整图层

▲ 原图，由于光源影响，照片主体人物皮肤偏红

📷 50mm　✳ f/4　📐 1/500s　ISO 100

▼ 后期处理后，可以很好地改善人像皮肤偏色的现象

具体操作步骤如下。

▲ ① 将需要修改的照片在Photoshop中打开，并选中画笔工具，开启快速蒙版

▲ ② 对需要修改的区域进行快速蒙版选区

▲ ③ 关闭快速蒙版，检查选区状态

▲ ④ 如果选区处于反向，需要按"Control+Shift+I"组合键反向选取选区

▲ ⑤ 在选区基础上，添加"色相/饱和度"调整图层

▲ ⑥ 在"色相/饱和度"调整图层中，选择红色与黄色，并分别对其饱和度进行调节，直到偏色解决，然后合并图层，保存照片

12.8 保留皮肤质感的磨皮方法

在后期处理美女人像照片时，磨皮是一种非常常用的后期处理方法，主要是因为磨皮功能可以让人物的皮肤更加细腻光滑，具有更强的美感。

在早期版本的Photoshop中，磨皮是作为一种滤镜效果出现的。不过，在刚安装完的Photoshop中，并不存在磨皮滤镜，需要用户自己安装磨皮滤镜。

接下来，将以Portraiture磨皮滤镜为例，介绍Photoshop中常用的磨皮方法。

▲ 原图，人像皮肤有点粗糙，不够细腻光滑

▲ Portraiture磨皮滤镜操作界面

◎ 50mm　❋ f/4　📷 1/500s　ISO 100

▼ 经过磨皮处理之后的人像，皮肤更加光洁细腻

具体操作步骤如下。

▲ ① 将需要修改的照片在Photoshop中打开

▲ ② 在滤镜库中，找到Portraiture磨皮滤镜，并打开

▲ ③ Photoshop中，出现Portraiture磨皮滤镜界面

▲ ④ 在Portraiture磨皮滤镜中，对照片进行设置调节，设置好之后，单击"确定"按钮，完成磨皮处理

▲ ⑤ 按"Control+Shift+S"组合键，将处理好的照片进行保存

12.9 对人物瘦身瘦脸

在实际拍摄时，由于服饰或体形等原因，或多或少会出现照片中人物线条直挺、缺乏曲线美的情况。在遇到这些情况时，可以利用后期图像处理软件，对照片中的主体人像进行瘦身、瘦脸，从而增加人物的曲线之美。

接下来，就以 Photoshop 为例来介绍一下具体的操作方法。

▲ 原图，人像体形曲线不明显

📷 200mm 🔆 f/4 〰 1/500s ISO 100

▶ 经过处理之后，人物体形变瘦，更具曲线美

具体操作步骤如下。

▲ ① 将需要修改的照片在 Photoshop 中打开

▲ ② 选择画笔工具，并开启快速蒙版

▲ ③ 对需要瘦身的地方进行选区

▲ ④ 退出快速蒙版，检查选区状况

▲ ⑤ 当遇到选中了相反的区域时，可以按"Control+Shift+I"组合键，反向选取选区

▲ ⑥ 在滤镜库，选择液化滤镜效果

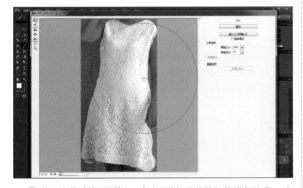

▲ ⑦ 进入液化滤镜设置框，对需要进行液化的部位进行液化，液化完成后，单击"确定"按钮，完成液化瘦身

▲ ⑧ 按"Control+Shift+S"组合键，将处理好的照片进行保存

12.10 拼接全景照片

所谓全景照片，就是指拍摄几张位置连续的照片，并将其合成为一张大全景的照片。

在实际拍摄中，有时遇到很广阔的场景，而此时手中的广角镜头已经无法满足拍摄需要，这时会拍摄几张连续的场景照片，并在后期处理中将其拼接。

值得注意的是，在拍摄连续场景照片时，应该尽量保证每两张连续的照片之间可以进行拼接，否则后期合成过程将无法顺利进行。

具体操作步骤如下。

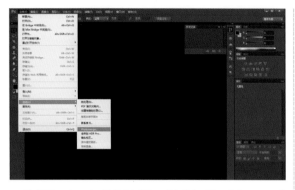

▲ ① 在Photoshop中，选择"文件"→"自动（U）"→"Photomerge"

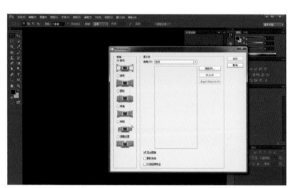

▲ ② 打开Photomerge对话框

▲ ③ 单击"浏览"选择需要拼接处理的照片

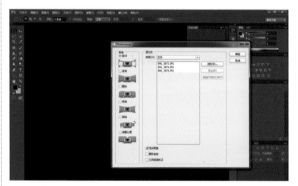

▲ ④ 完成照片添加，单击"确定"按钮

▲ ⑤ Photoshop自动处理添加照片，并完成接片

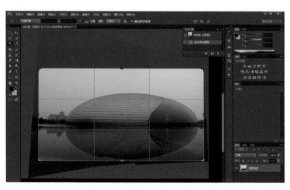

▲ ⑥ 利用裁剪工具，对接片好的照片进行裁剪，接片完成，保存照片

12.11　HDR图像

　　所谓HDR图像，是指将3张等差曝光补偿的同场景照片进行合成，从而保留照片中的亮部与暗部细节，使照片具有更高的动态范围。

　　也就是说，可以利用HDR功能，保留场景中最亮部和最暗部的细节。

　　具体操作时，需要先拍摄3张等差曝光补偿的同场景照片，比如同一场景的-1EV、0EV、+1EV曝光补偿的照片，然后在软件中进行合成。

　　需要注意的是，拍摄的3张照片必须是同一场景，因此最好使用三脚架稳定相机，以保证3张照片场景上的相同。

　　具体操作步骤如下。

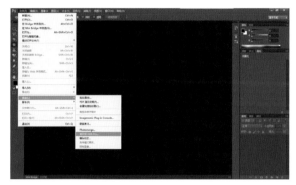

▲ ① 在Photoshop中，选择"文件"→"自动（U）"→"合并到HDR Pro"

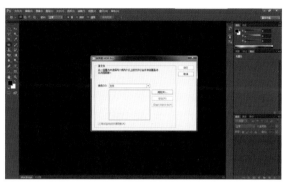

▲ ② 单击并打开"合并到HDR Pro"

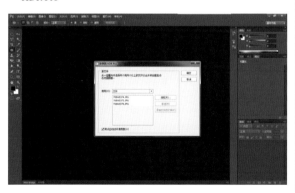

▲ ③ 单击"浏览"，选择需要合成的照片，选好之后，单击"确定"

▲ ④ 进入"合并到HDR Pro"调节界面，并对合成效果进行调节

▲ ⑤ 单击"确定"按钮以后，Photoshop会自动处理照片

▲ ⑥ 照片处理好之后，按"Control+Shift+S"组合键，将处理好的照片进行保存

13

第13课
RAW 格式文件处理

　　使用数码单反相机拍摄照片时，可以将照片存储为 RAW 格式 。因为这种格式保存的拍摄数据比 JPEG 格式更多，所以在后期处理时，照片的颜色、噪点、饱和度等会得到更完美的修复。

　　本课将结合具体的实例，对一些最常用的功能进行讲解。让一些即使没有任何后期处理基础的摄影爱好者，也可以通过后期软件对拍摄时的失误进行完美校正。

13.1 Adobe Camera Raw 和 Lightroom 的 RAW 处理功能

市场上可以处理 RAW 格式文件的软件不是很多，除了各个相机厂商有相应的软件外，最常见的 RAW 格式处理软件就是 Adobe Camera Raw 和 Lightroom。用它们处理 RAW 格式文件都非常方便，用户可以根据各自的爱好选择其中一个。选择时可以考虑下面几点。

（1）Adobe Camera Raw 软件需要借助 Photoshop 才能打开。也就是说，在下载安装这个软件后，将 RAW 格式文件通过 Photoshop 打开时，Adobe Camera Raw 便会自动开启。调整完成后可以将 RAW 格式文件保存为 JPEG 格式文件，也可以直接在 Photoshop 中打开继续调整。

（2）Lightroom 是独立的 RAW 格式文件处理软件。Lightroom 软件界面底部具有导入照片的略览图，非常适合进行 RAW 格式文件的批量处理，而且菜单功能、调整功能也标注得非常清晰，相对而言更容易上手，更适合初学者使用。

（3）它们具有共同性。用这两个软件处理 RAW 格式文件的方式非常类似，掌握了其中一个，另外一个软件也就基本会使用了。本章中，将结合 Lightroom 软件讲解相关的处理技巧。

◀ Lightroom 界面图

◀ Adobe Camera Raw 界面图

13.2 调整曝光

使用RAW格式拍摄的照片在调整曝光时，具有很大的宽容度，只要不是完全失去细节的地方，基本都能进行很好的修复。下面结合具体的照片进行讲解。

◀ 照片处理前的效果

调整步骤如下。

（1）在Lightroom中打开RAW格式文件，在界面右边红色方框内可以对照片的曝光进行调整。

（2）调整照片的曝光度。向右拖动曝光度滑块，可以增加照片的曝光，向左拖动滑块可以减少照片的曝光。

（3）调整照片的对比度。适当增加对比度，可以使照片中白色的地方更白，黑色的地方更黑，照片会显得更有细节。

（4）调整高光和阴影。对照片中亮度最高的高光部位和亮度最低的阴影部分进行调节，可以使照片失去细节的地方得到有效的恢复。

（5）调整白色色阶和黑色色阶。白色区域可以理解为比高光区域更广的亮部区域，可以使照片的亮部显得更白或者更暗；黑色色阶是比阴影部分更广的暗部区域，可以单独调整从而使暗部更暗或者更亮。

注意事项：调整照片的曝光时，应该仔细观察照片的效果缓慢地调整，直到照片出现想要的效果。

◀ 照片处理后的效果

13.3　校正白平衡和调整色彩

通过RAW格式文件校正照片的色彩，可以无损地获得各种白平衡效果。比如，在后期处理时可以将照片的白平衡在自动、日光、阴天、阴影、白炽灯、荧光灯、闪光灯、自定之间进行随意切换。切换后的效果和在拍摄时进行白平衡设置的效果是相同的。下面将通过具体的实例进行讲解。

▲ 处理前的照片效果，单击红框位置会显示可以调整的白平衡模式

调整步骤如下。

（1）调整照片的色彩前，应该先调整照片的曝光，使照片的质感显得更加丰富。

（2）调整照片的白平衡模式，将白平衡选项设置为阴影后，选项下方的色温和色调会自动发生变化，照片出现了阴影白平衡效果。

（3）调整鲜艳度和饱和度。调整饱和度和鲜艳度选项都会对照片的饱和度产生影响。建议调整照片时优先考虑使用鲜艳度进行调整。因为饱和度选项会针对照片中的所有色彩进行调节，很容易产生饱和度溢出的问题，而使用鲜艳度选项调整饱和度时，会针对照片中饱和度较低的地方进行调节，照片会显得更加自然。

另外，通过将饱和度选项设置为0可以得到黑白的照片效果。

▲ 照片处理后的效果

13.4　畸变和像差校正

13.4.1　修复畸变

　　畸变是光学透镜固有的透视失真现象，不论镜头的好坏，照片或多或少都会出现畸变，但是镜头越好，畸变的幅度就越小。

　　最常见的畸变是使用广角镜头拍摄建筑，由于距离建筑物很近，建筑物的线条很明显，所以畸变会非常明显。在Lightroom中有专门校准畸变的功能。

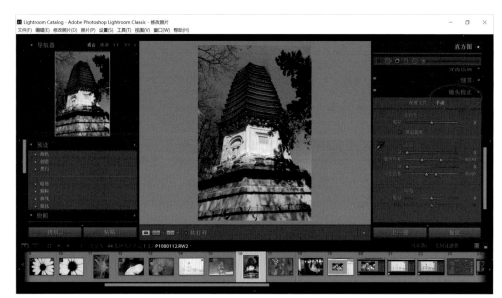

◀ 照片调整前的效果

　　调整步骤如下。

　　（1）在"镜头校正"面板中，选择"手动"。

　　（2）勾选"锁定裁剪"，从而保证照片的长宽比例不发生变化。

　　（3）调整"扭曲度"的同时观察照片的变化，直到畸变显著减轻，无法再继续调节。

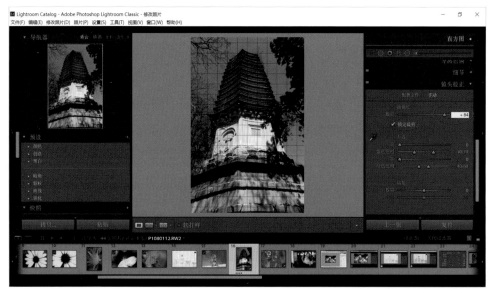

◀ 照片调整后的效果

13.4.2 像差校正

当放大照片观察时，会发现有些照片的主体边缘出现了红色、绿色或紫色的色晕。这些色晕属于像差的一种，可以通过Lightroom进行处理。

◀ 调整前的效果

调整步骤如下。

（1）在"镜头校正"面板中，选择"颜色"。

（2）根据色晕的颜色调节相应的色相。比如这张照片中像差的颜色是绿色，就要重点调节"绿色"色相，并且将"量"的值设置得很高。

（3）调整的同时观察照片的变化，直到绿色的光晕消失。

另外，如果照片中的像差问题较小，可以选择选项中的吸管工具进行调节。具体方法是：单击吸管图标，然后在照片中的色晕部分进行单击，软件会自动对像差进行处理。

◀ 调整后的效果

13.5 消除红眼和污点

13.5.1 消除红眼

在夜间使用闪光灯拍摄人像时，人物眼睛中会出现红色的色块，这种现象叫红眼。产生这种现象的原因是，在夜间或环境很暗的时候，人的瞳孔会相应变大，闪光灯的光线透过瞳孔照射在眼底的微细血管上，反射回来的光线是红色的。

在拍摄时，使用相机内部的防红眼闪光可以使红眼减轻，也可以用 Lightroom 在后期进行处理。

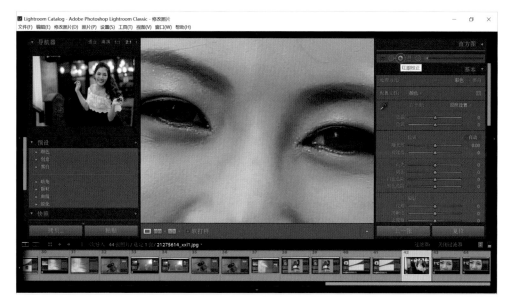

◀ 调整前的效果

调整步骤如下。

（1）选择"红眼校准"工具。将鼠标指针移动到这个图标上的时候，会自动显示出它的功能。

（2）单击红眼校准按钮后，再单击人物的红眼部分。

（3）单击后会出现一个圆形的区域，根据红眼的面积调节它的大小，软件会自动对其进行修复。

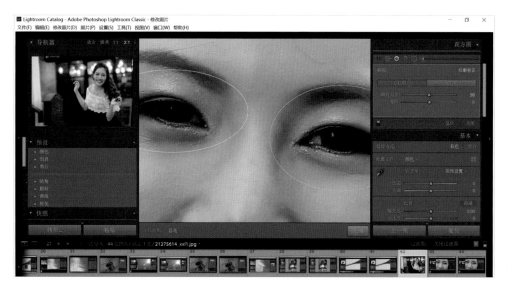

◀ 调整后的效果

13.5.2　消除污点

　　相机感光元件上细小的灰尘，会在照片中形成黑色的污点。特别是一些使用了很多年的相机，在使用小光圈拍摄时污点会特别明显。这时，可以在前期的时候通过清洗感光元件减少或清除污点，也可以利用Lightroom在后期进行处理。

◀ 调整前的效果

　　调整步骤如下。

　　（1）将鼠标指针移动到污点处理按钮上，软件会自动显示出这个按钮的功能。

　　（2）单击这个按钮，下方会出现相应的控制项，可以调节画笔的大小和不透明度。

　　（3）根据污点的大小调节画笔大小，让画面形成的圆圈刚好大于污点的面积。

　　（4）使用画笔对准污点进行单击，软件会自动将污点修复。也可以在单击污点的同时按住鼠标左键不放开，然后将画笔拖动到干净的画面上。

　　注意事项：因为污点的面积很小，所以可以将照片放大进行处理。

◀ 调整后的效果

13.6 降噪

拍摄照片时，如果感光度太高照片会出现很多噪点。通过Lightroom的降噪功能可以有效减少照片的噪点。调整时，需要注意下面几点。

（1）照片会跟着变模糊。降低噪点的同时，照片的清晰度也会受到影响，所以降噪处理不能太过。

（2）拍摄时应尽量使用较小的感光度。如果画面中的噪点非常多，软件只能减少噪点。所以，应该在前期拍摄时，尽量使用较低的感光度。

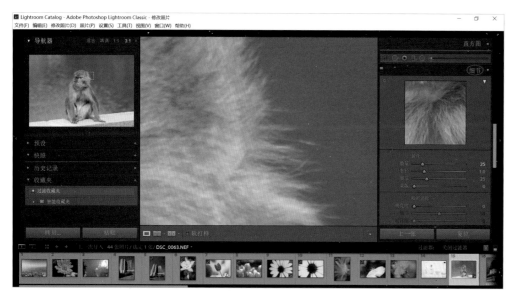

◀ 降噪前的效果

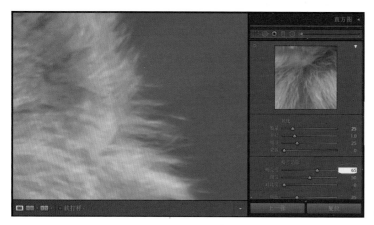

◀ 降噪后的效果

调整步骤如下。

（1）选择"细节"面板，面板中会同时出现调节锐化和降低噪点的选项。

（2）降低噪点时，增加"噪点消除"中的各项数值，照片中的噪点会明显减少。

（3）增加照片的锐度时，增加"锐化"中的数值，照片会显得更加锐利。

需要注意的是：降噪和锐化选项往往会同时进行调整。因为降低噪点的同时照片的锐度会自动降低，增加锐度的同时，照片的噪点也会增多。所以，在调整的同时要反复观察照片，以便获得更好的效果。

13.7　锐化

　　使用大光圈或长焦镜头拍摄的照片，由于画面的景深很小，常常会显得不够清晰，给人很"肉"的感觉。此类照片可以在Lightroom中通过锐化处理显得更加清晰。

◀ 锐化前的效果

◀ 锐化后的效果